Fuentes de alimentación conmutadas en la práctica

Qué son,

cómo funcionan,

cómo se reparan

Eugenio Nieto Vilardell

Fuentes de alimentación conmutadas en la práctica

Qué son, cómo funcionan, cómo se reparan

safecreative
1310230955728
REGISTERED WORKS

Para Óscar y Paula,

porque no hay mejor motivo para superar los retos de la vida

ÍNDICE

Las fuentes de alimentación conmutadas, también conocidas como SMPS (switch mode power supply) son esenciales en nuestra vida, y por lo tanto en nuestro trabajo como técnicos.

En electrónica, la mayoría de averías están relacionadas con las fuentes de alimentación. Por eso, conociéndolas y sabiendo repararlas, podemos resolver más de la mitad de problemas.

Conocerlas no solamente sirve para reparar este tipo de circuitos. Hay una gran cantidad de equipos que utilizan electrónica de potencia con estructuras similares, como los variadores de frecuencia que regulan la velocidad de los motores, las máquinas de soldadura, o los sistemas de alimentación ininterrumpida (SAI, o UPS en inglés).

Por eso he decidido dedicar un libro completo a este tema. Además, una gran parte de la literatura relacionada que se puede encontrar hoy en día tiene uno o varios de los siguientes problemas:

- Está obsoleta, porque se ilustra con equipos y componentes que ya no se comercializan. Hay libros muy buenos, pero están basados en sistemas que ya no se aplican.
- Está enfocada al diseño y fabricación de equipos nuevos, por lo que se centran demasiado en fórmulas y cálculos, complicando enormemente su comprensión.
- Está pensada para reparar un tipo determinado de equipos, como televisores.
- Está escrita en otros idiomas. Es cierto que la mayor parte de información técnica se encuentra en inglés. Sin embargo, también es cierto que cada vez hay más técnicos hispanohablantes, y el español es la segunda lengua más hablada del mundo, después del chino. Creo firmemente que

es necesario dominar el inglés en los tiempos que corren, pero también debo reconocer que el vocabulario técnico es muy extenso, por lo que debemos defender que exista una alternativa en el mercado hispano.

Quiero que este libro te sea realmente útil, por lo que prefiero centrarme en que conozcas y aprendas a reparar los principales tipos de fuentes de alimentación.

A partir de ahí, el resto de libros relacionados te serán más fáciles de leer y comprender.

Si tienes bastantes conocimientos en electrónica, quizás algunas explicaciones te parezcan muy básicas, pero prefiero hacerlo de esta forma para que sea comprensible por todos.

También observarás que a veces utilizo recursos gramaticalmente incorrectos, como repetir las mismas palabras en la misma frase. Aunque pueda molestar un poco en la lectura, lo hago cuando no quiero que una explicación resulte ambigua. Prefiero que un texto sea más claro, aunque eso suponga renunciar a un premio literario ☺

Si todavía no dominas la electrónica, aquí encontrarás una buena base, aunque te recomiendo que te formes bien en electrónica básica, porque te ayudará a moverte por este mundillo con mejores resultados.

Desde el respeto absoluto a otros autores, creo que tienes delante una obra que realmente te va a ayudar a dar un salto cualitativo como profesional.

Cuando termines de leer el libro, serás tú quien confirme o desmienta esta creencia. Por supuesto, agradeceré enormemente tu valoración, porque tu opinión es mi herramienta más potente para progresar.

La corriente eléctrica que llega a los edificios e industrias tiene unas características determinadas. La mayoría de receptores que se conectan a la red eléctrica no pueden trabajar directamente con esta corriente, es necesario modificarla.

La red eléctrica suministra corriente alterna, que invierte su polaridad unas 100 o 120 veces por segundo, dependiendo del estándar seguido en cada país.

Los equipos electrónicos trabajan con corriente continua, que tiene un valor fijo, siempre con la misma polaridad.

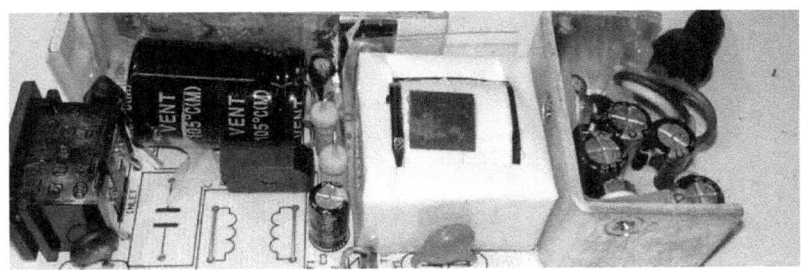

Para convertir la corriente alterna en corriente continua es necesario rectificarla y estabilizarla.

La tensión de la red eléctrica puede ser de entre 110V y 400V, dependiendo de la conexión y del estándar de cada país.

Los equipos conectados pueden trabajar a cualquier tensión, dependiendo de su aplicación. Por ejemplo, un televisor trabaja internamente con varias tensiones, que pueden ir desde poco más de 1Vdc hasta más de 50000V en el caso de los televisores CRT (los de tubo de rayos catódicos, que ya han sido sustituidos por las pantallas planas).

Por lo tanto, necesitamos usar elementos capaces de transformar la corriente alterna de la red eléctrica en corriente continua con una o varias tensiones específicas.

Con este fin se utilizan las fuentes de alimentación.

El ejemplo más básico de fuente de alimentación que todos conocemos sería el cargador para el teléfono móvil (celular). Éste convierte la corriente de la red eléctrica, que puede ser de 100...240Vac a un valor que en la mayoría de los casos es de 5Vdc.

Seguramente recuerdas que los primeros cargadores para teléfonos pesaban mucho más que los actuales.

Los más pesados utilizaban *fuentes de alimentación lineales*, mientras que los más ligeros usan *fuentes de alimentación conmutadas*.

En una fuente de alimentación lineal se reduce la tensión mediante un transformador, y seguidamente se rectifica con diodos. Para que la corriente sea más estable se filtra con condensadores electrolíticos, y en algunos casos se añaden estabilizadores para que la tensión de salida tenga un valor exacto.

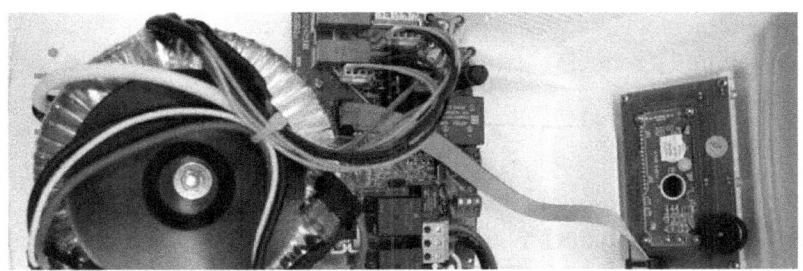

Fuente de alimentación lineal con transformador toroidal

Este tipo de fuentes tiene una gran pérdida de energía en el transformador. Además, para conseguir corrientes de salida muy altas, el transformador debe tener estar bobinado con hilo de cobre muy grueso, lo que hace que sea muy grande, pesado y caro.

Las fuentes de alimentación conmutadas utilizan un principio similar, pero con diferencias muy importantes.

11

Básicamente, aumentan la frecuencia de la corriente, que pasa de oscilar 50/60Hz a más de 100kHz, dependiendo del sistema utilizado.

Fuente de alimentación conmutada

Al aumentar tanto la frecuencia, reducimos las pérdidas y conseguimos reducir el tamaño del transformador, y con ello su peso y volumen.

En este tipo de fuentes, la corriente se convierte de alterna a continua, después otra vez a alterna con una frecuencia distinta a la anterior, y seguidamente vuelve a transformarse en continua. Por eso muchos equipos basados en fuentes conmutadas son conocidos como *inversores* o *inverters*.

Un claro ejemplo serían las máquinas de soldadura al arco. Los equipos que usan transformadores lineales (prácticamente han desaparecido) pesan muchísimo más que los de tipo inverter, que no es más que una fuente de alimentación conmutada, adaptada a las características de este tipo de máquinas.

En un variador de velocidad, el funcionamiento es muy similar. Regulando la frecuencia de la corriente modificamos la velocidad del motor.

Para entender el funcionamiento de una fuente conmutada, debemos separarla en bloques, y analizarlos paso a paso. De momento vamos a resumirlos, para ir profundizando en los siguientes apartados.

Existen muchos tipos distintos de fuentes, y sería imposible explicar los detalles de cada uno. Por eso, he creído que lo más conveniente es centrarnos en los **sistemas más comunes**.

Tampoco entraremos en enumerar cada tipo de fuente conmutada, porque creo que no es tan relevante en la práctica, y puedes encontrar información muy fácilmente si la necesitas, por ejemplo en Wikipedia.

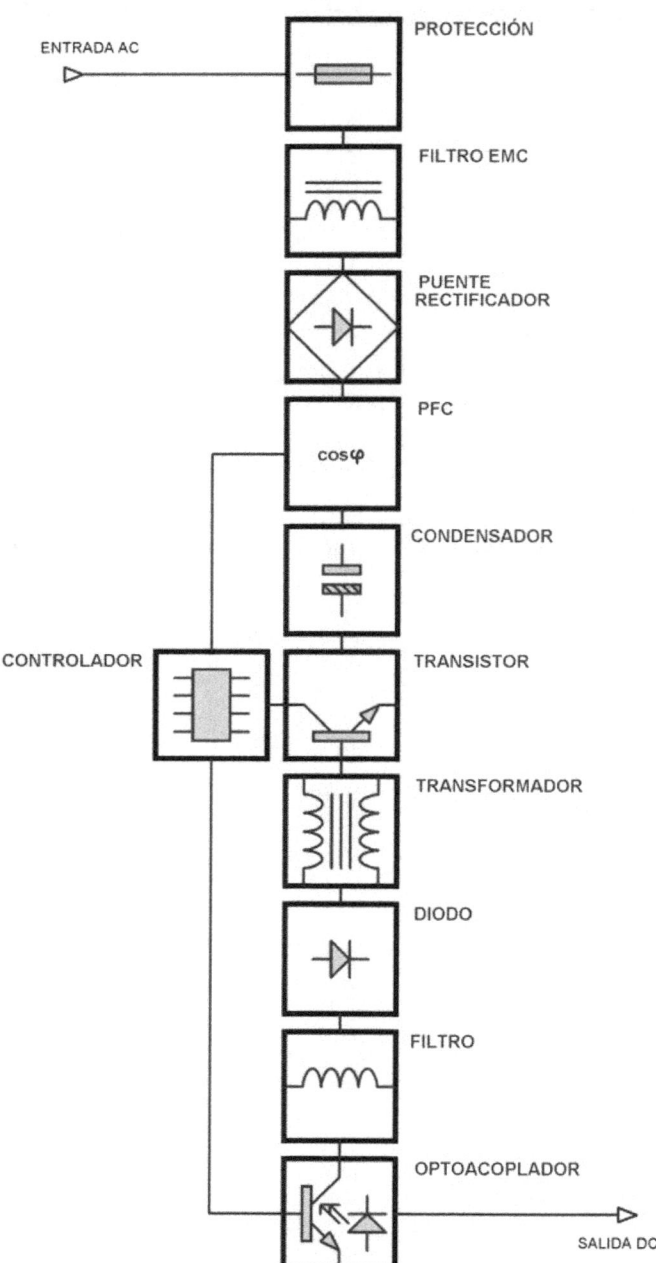

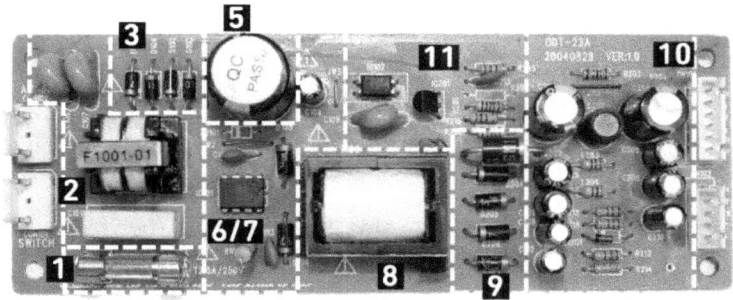

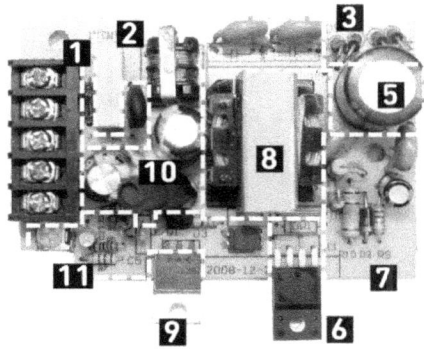

1. **Protecciones de entrada**. Protege al circuito de alteraciones en la red, y a la vez protege a la red de averías en el circuito.

2. **Filtro EMC**. Su función es absorber los problemas eléctricos de la red, como ruidos, transitorios, etc. También evita que la propia fuente envíe interferencias a la red.

3. **Rectificador primario**. Solo deja pasar la corriente en un sentido, de modo que convierte la corriente alterna en corriente pulsante, es decir que oscila igual que la corriente alterna, aunque únicamente en un sentido.

4. **Corrector del factor de potencia**. En determinadas circunstancias, la corriente se distorsiona o se desfasa respecto a la tensión, lo que provoca que no se aproveche toda la potencia de la red. El corrector se encarga de solventar este problema.

5. **Filtro primario**. Amortigua la corriente pulsante para convertirla en corriente continua con un valor estable.

6. **Transistor**. Se encarga de cortar y activar el paso de la corriente. De este modo se convierte a la corriente continua en corriente pulsante.

7. **Controlador**. Activa y desactiva el transistor. Esta parte del circuito suele tener varias funciones, como protección contra cortocircuitos, sobrecargas, sobretensiones... Además, mide la tensión de salida de la fuente, y modifica la señal entregada al transistor, para regular la tensión y mantener estable la salida. También puede controlar al circuito de corrección del factor de potencia o incluir el transistor en un mismo componente.

8. **Transformador**. Reduce la tensión, y además aísla físicamente la entrada de la salida.

9. **Rectificador secundario**. Convierte la corriente alterna del transformador a corriente pulsante.

10. **Filtro secundario**. Convierte la corriente pulsante en continua, igual que el filtro primario.

11. **Estabilizador de tensión**. Enlaza la salida de la fuente con el circuito de control, manteniéndolos físicamente separados.

1. PROTECCIONES DE ENTRADA

La fuente de alimentación no solamente se encarga de adaptar la corriente. También sirve como aislamiento.

Los circuitos conectados pueden trabajar con tensiones y corrientes muy bajas, por lo que una avería podría provocar que llegase tensión directa desde la red, quemando los componentes, y provocando riesgos de incendio y electrocución.

Para evitar estos problemas, las fuentes incorporan varios elementos de seguridad.

Éstos cumplen varias funciones:

- Aislar el circuito alimentado de la red eléctrica
- Absorber sobretensiones transitorias (duran un solo instante) y permanentes de la red
- Evitar que una avería de la fuente o el circuito receptor provoque daños a la red eléctrica o a otros equipos conectados a ella
- Evitar interferencias y ruido, tanto en un sentido como en el otro (este tipo no es una protección eléctrica en sí mismo, y lo veremos en el siguiente apartado)

Cada componente tiene una función específica, aunque algunos trabajan combinados, o se refuerzan entre sí.

La posición de los componentes que aparecen en el esquema es orientativa. Cada circuito puede tener varios de estos elementos, prescindir de algunos, o estar conectados en distinto orden.

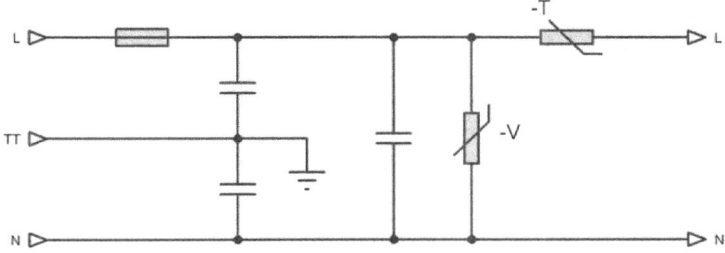

Elementos de protección comunes

1.1 Condensadores

Los condensadores con baja capacidad, del orden de unos pocos nF dejan pasar las corrientes de alta frecuencia, y a la vez se comportan como aislantes para bajas frecuencias.

Esta característica permite que los pequeños picos parásitos presentes en la red pasen a través de estos condensadores, y sean devueltos a la red o derivados a la toma de tierra.

Su respuesta es instantánea, aunque no pueden conducir corrientes elevadas.

Los mismos condensadores hacen función de filtrado de ruidos de alta frecuencia, por lo que pueden ser considerados como parte de esta etapa, o bien del filtro EMC.

1.2 Fusible

En las fuentes conmutadas, el fusible cumple varias funciones, principalmente:

- Desconectar la fuente en caso de una sobrecarga excesiva en la salida, para evitar daños a la red o a la propia fuente
- Desconectar la fuente de la red si hay una avería que la ponga en cortocircuito
- Proteger a la fuente y al circuito alimentado contra sobretensiones permanentes, en combinación con el varistor

Debido a los picos de corriente que puede generar la propia fuente al arrancar, los fusibles utilizados suelen ser retardados, también llamados antitransitorios, que tardan un tiempo en fundirse.

Si colocásemos fusibles rápidos, podrían fundirse sin que realmente existiese una anomalía en el circuito.

Un varistor es una resistencia que varía con la tensión. Su respuesta no es lineal.

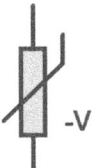

En la práctica, los varistores se comercializan con un valor nominal, que corresponde a la tensión a partir de la cual comienzan a conducir.

Es decir, que por debajo de una tensión se comportan como aislantes, mientras que al superar el umbral establecido se comportan como conductores.

Esta característica permite que si la tensión de la red aumenta demasiado, el varistor entrará en conducción.

Al conducir el varistor que está conectado en paralelo, se comporta como un cortocircuito, dejando pasar toda la corriente posible a través de fusible, provocando que éste se corte.

Si la sobretensión es más corta que el tiempo de respuesta del fusible, el varistor absorberá gran parte de la energía sobrante, y el circuito seguirá funcionando normalmente.

1.4 NTC

Cuando la fuente de alimentación se conecta a la red, el condensador electrolítico absorbe mucha corriente hasta que se carga. Durante ese instante, se produce una sobrecarga que puede fundir el fusible o afecta a otras protecciones de la red.

Para evitarlo, se conecta un termistor en serie, del tipo NTC (coeficiente negativo) de unos pocos ohmios. Éste se encarga de limitar la corriente en el arranque.

1.5 Neones y descargadores de gas

En fuentes de alimentación comunes no se utilizan estos dispositivos, pero no está de más conocerlos.

Los descargadores de gas se comportan como los varistores, aunque su composición es distinta. Se trata de cámaras llenas de gas neón (también se usan otros gases similares) con dos electrodos que no llegan a tocarse.

Cuando la tensión supera cierto valor, el gas se ioniza y se vuelve conductor. En ese momento el componente se comporta como un conductor y devuelve la corriente a la red o la desvía a la toma de tierra.

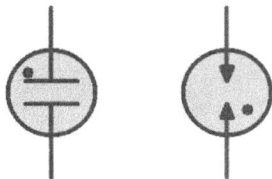

Izquierda: símbolo habitual de la lámpara de neón; derecha: símbolo del descargador de gas

Este tipo de componentes permite conducir corrientes más elevadas que los varistores, pero tienen una respuesta más lenta, por lo que apenas se usan en equipos de muy baja potencia, y son más comunes en protecciones contra rayos.

En la práctica, podemos encontrar tanto lámparas de neón como descargadores de gas. Aunque los dos funcionan igual en circuitos pequeños, las lámparas están pensadas como pilotos luminosos, mientras que los descargadores tienen encapsulados que no permiten ver la luz, y están expresamente destinados a la protección de circuitos.

2. FILTRO EMC

2.1 Qué es el ruido electromagnético

No hace mucho, estaba en mi casa soldando al arco. De repente, coincidiendo con el inicio de una soldadura, la puerta automática del garaje se cerró sola.

La máquina estaba conectada a una toma de corriente cercana al mecanismo de la puerta.

Cuando se conecta o desconecta cualquier elemento eléctrico, es normal que se produzcan picos de tensión que se transmiten a través de la red eléctrica, o a través del aire en forma de campos electromagnéticos.

Normalmente estos picos, también llamados *transitorios*, suelen ser muy leves, y no afectan al resto de equipos conectados.

Sin embargo, en instalaciones con muchos aparatos conectados, estos picos se multiplican.

Las fuentes conmutadas producen bastante ruido eléctrico, debido a los picos de tensión que genera la propia conmutación del transistor.

Las máquinas más potentes, como las que utilizan motores activados mediante contactores, pueden generar picos bastante fuertes.

Podríamos pensar que los variadores de velocidad eliminan este fenómeno, al no tener contactores, pero como se trata de aparatos similares a las fuentes conmutadas, debemos seguir teniéndolos en cuenta.

Todo el ruido eléctrico puede provocar problemas en las máquinas más sensibles, como me ocurrió aquel día al soldar.

24

2.2 Qué es un filtro EMC

EMC son las siglas de *compatibilidad electromagnética.*

La legislación industrial, como en el caso europeo hace la *Directiva 2004/108/CE*, obliga a todos los equipos eléctricos a cumplir una serie de requisitos.

Básicamente, se trata de que cada aparato sea inmune a los problemas electromagnéticos de la red eléctrica, y a su vez no emita interferencias a través de ésta. Es decir, que el equipo quede aislado en ambos sentidos, en lo que se refiere a ruido electromagnético.

Para poder cumplir estos requisitos, las fuentes de alimentación deben montar un filtro en su entrada.

Este filtro suele estar compuesto principalmente por una o varias bobinas en serie, uno o varios condensadores en paralelo, o una combinación de ambos sistemas.

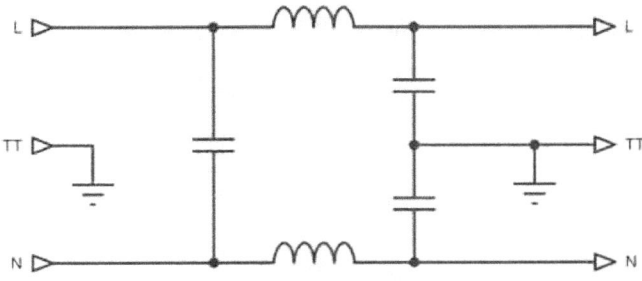

Esquema de un filtro EMC común

Para entender el funcionamiento del filtro no es necesario conocer en profundidad estos componentes, salvo que queramos adentrarnos en el diseño de fuentes conmutadas.

Simplemente bastará con saber que las bobinas evitan el paso de corriente de alta frecuencia, y los condensadores hacen justo lo contrario.

Los campos electromagnéticos tienen un alcance proporcional a su frecuencia, es decir que se propagan con más facilidad cuando su frecuencia es más alta. Por eso la radio y la televisión transmiten a frecuencias muy altas.

La red eléctrica tiene una frecuencia muy baja, de modo que su campo magnético suele ser muy reducido.

Esto quiere decir que eliminando las altas frecuencias evitamos la mayor parte del ruido generado por campos electromagnéticos.

Al montar bobinas en serie, solo puede atravesarlas la corriente continua, o la alterna de baja frecuencia (BF).

Los condensadores en paralelo solo dejan pasar la corriente de alta frecuencia (HF), sin afectar a la corriente continua o alterna BF.

Los picos de tensión, al tener una duración tan corta, se comportan como la corriente de alta frecuencia.

Filtro EMC con bobinas con núcleo de aire y condensadores

Dependiendo de la calidad del filtro y de las características eléctricas de la fuente, éste puede constar simplemente de un condensador, o montar varias etapas de bobinas y condensadores.

También se comercializan filtros EMC montados, que pueden ir en un módulo independiente, o acoplados a la propia clavija de toma de corriente del equipo.

En este caso, la fuente ya no necesitaría incorporar estos componentes.

Filtro EMC de dos etapas, con una de ellas puenteada

Es muy habitual encontrar placas donde los elementos de filtrado han sido puenteados para ahorrar componentes.

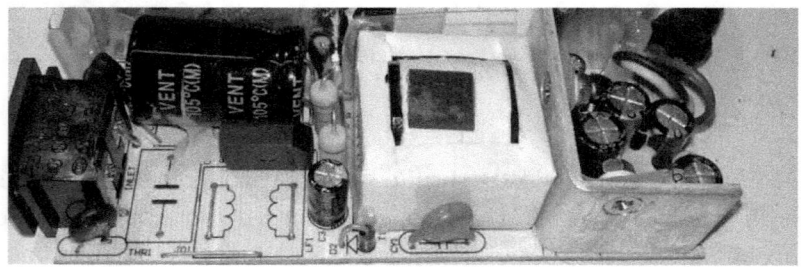

Fuente conmutada donde no se ha montado el filtro EMC

Lo más común es que esto suceda en equipos económicos.

En el lado contrario, los equipos más sensibles o de mejor calidad, montan filtros EMC más sofisticados, de varias etapas, para asegurar que no darán problemas en entornos poco óptimos.

Como ves, el filtro EMC es bastante sencillo.

3. RECTIFICADOR PRIMARIO

En esta etapa la corriente alterna se convierte en corriente pulsante.

3.1 El diodo

Para convertir la corriente alterna en continua, necesitamos de un componente semiconductor, es decir que deja pasar la corriente solo bajo unas determinadas condiciones.

Distintos tipos de diodos rectificadores

Un diodo se compone, básicamente, de dos cristales de silicio conectados entre sí. Estos cristales tienen características especiales (que no explicaré para no extenderme demasiado) que únicamente permiten el paso de electrones en un sentido.

Gracias a esta característica, podemos eliminar todos los semiciclos negativos o positivos de una corriente alterna.

3.2 El puente rectificador

Los diodos pueden conectarse de forma que inviertan el signo de uno de los semiciclos. De esta forma, en vez de eliminar un semiciclo, se consigue aprovechar, para sacar el máximo rendimiento de la corriente de entrada.

Puentes rectificadores integrados en un solo encapsulado

Este tipo de puentes no son más que conjuntos de cuatro diodos encapsulados en un mismo componente, lo que facilita la fabricación, y la disipación de la temperatura.

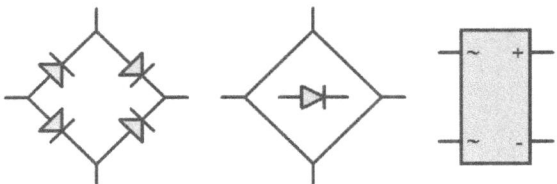

Es fácil encontrar circuitos donde el puente rectificador está formado por diodos individuales. El funcionamiento eléctrico es idéntico.

Puente rectificador formado por diodos individuales

Veremos el funcionamiento del rectificador en el apartado del filtro primario, porque es mejor comprender el funcionamiento en conjunto.

31

4. CORRECCIÓN DEL FACTOR DE POTENCIA

Las fuentes de mayor rendimiento incorporan una etapa para corregir el factor de potencia, también conocida como PFC.

Como es un poco complejo explicarlo, iremos paso a paso.

4.1 El malo de la película: el $\cos\varphi$

En corriente alterna, la tensión y la intensidad tienen formas de onda independientes. La tensión depende de la red, pero la intensidad varía en función del consumo del circuito conectado.

Cuando conectamos una lámpara incandescente o una resistencia a la red, las formas de onda de la corriente y la tensión son muy similares, variando únicamente su amplitud.

Las cargas resistivas son lineales, es decir que su consumo es proporcional a la tensión aplicada, porque la resistencia es fija.

Sin embargo, es habitual que las cargas no sean puramente resistivas, y por lo tanto el consumo no sea lineal.

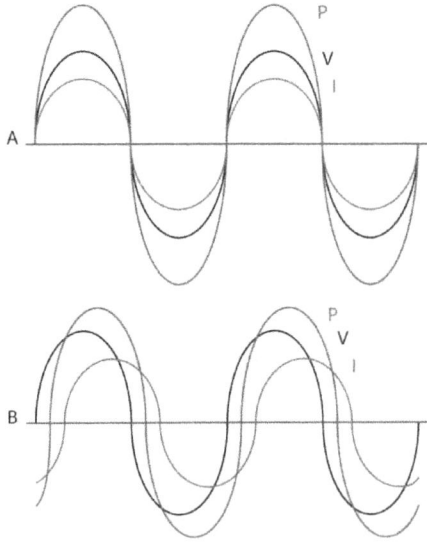

Fig. 1 – Desfase de la intensidad respecto a la tensión

Cuando conectamos un motor, la forma de onda de la intensidad es similar a la de la tensión, aunque desplazada en el tiempo. Esto es debido a que los bobinados no absorben la corriente de forma lineal.

Las bobinas almacenan corriente en forma de campo magnético, y esto provoca que tarden un tiempo en cargarse y descargarse. Por lo tanto, absorben corriente eléctrica en función de la diferencia entre la tensión aplicada y la carga de la bobina.

Ocurre el mismo efecto cuando la carga es un condensador, aunque el desfase es inverso. Es decir, que en un caso la corriente se atrasa respecto a la tensión, y en el otro se adelanta.

Cuando la carga se comporta como una bobina decimos que es una carga inductiva. Si lo hace como un condensador, la llamamos carga capacitiva.

Si la corriente está adelantada o atrasada respecto a la tensión, decimos que están desfasadas. El ángulo de desfase se expresa con la función coseno, y se representa como cosφ (se lee coseno de fi). Su valor puede estar entre 0 y 1.

La potencia real, teniendo en cuenta que P=V·I, es menor si hay un desfase. En este caso no podemos multiplicar los valores absolutos, sino que debemos tener en cuenta este desfase. La fórmula correcta sería P=V·I·cosφ.

Si las señales están alineadas, es decir que la carga es resistiva o lineal, cosφ=1. Por eso no se tiene en cuenta en la fórmula del cálculo de la potencia (P=V·I·1 da el mismo resultado que P=V·I).

Para entenderlo gráficamente, observa la figura 1.

Cuando las ondas están sincronizadas (figura 1A) en el paso por cero tenemos que P=0V·0A=0W, y en el pico $P_{max}=V_{max}·I_{max}$. El ángulo de desfase es cero, por lo que el cosφ=1.

En la figura 1B no sucede lo mismo, porque cuando una de las ondas pasa por cero, la otra tiene un valor positivo o negativo. El cosφ<1, por lo que el resultado es que la onda P tiene un valor menor que en la figura 1A.

En definitiva, cuando la tensión y la intensidad están desfasadas entre sí, la potencia no se aprovecha correctamente. Si además sumamos más cargas del mismo tipo, es decir inductivas o capacitivas, los desfases se van sumando, por lo que el ángulo de desfase también aumenta, disminuyendo el rendimiento de la línea.

En la práctica, podemos tener una línea eléctrica por la que circula una gran intensidad teniendo conectados equipos de poca potencia.

Esto provoca el sobrecalentamiento de los cables y otros problemas.

Por este motivo, las normativas (y también las compañías eléctricas) penalizan estos problemas de calidad eléctrica.

4.2 Los compinches del malo: los armónicos

En una fuente de alimentación se combinan varios problemas que afectan a su rendimiento. Por un lado, tenemos un condensador que adelanta la intensidad respecto a la tensión. Esto significa que el $\cos\varphi \neq 1$.

Por otro lado tenemos el puente de diodos, que convierte la corriente alterna en corriente pulsante.

Ahora viene lo complicado.

El condensador no se carga y descarga completamente, sino que suelta una pequeña parte de su carga cuando la tensión es menor, y se recarga cuando la tensión es mayor.

Esto quiere decir que solamente absorbe corriente cuando se recarga.

En la figura 2B puedes ver la tensión en el condensador, que se mantiene en la zona alta, y la corriente de carga, que son pequeños impulsos de corriente absorbida por el condensador.

El resultado es que la intensidad absorbida por el circuito tiene una forma de onda no senoidal, y además desfasada.

Esta forma de onda distorsionada se compone de varias frecuencias superpuestas, que se conocen como armónicos.

Los armónicos son frecuencias múltiplos de la frecuencia fundamental. Si te has quedado igual, te lo explico un poco mejor.

Si la red eléctrica tiene una frecuencia de 50Hz, los armónicos se comportan como "ecos" a 100Hz, 150Hz, 200Hz, etc.

Cuanto mayor sea la distorsión, mayor valor tendrán estos armónicos.

Los armónicos son un efecto indeseado, porque son corrientes parásitas que no podemos aprovechar, pero circulan igualmente por los conductores, provocando recalentamientos e interferencias.

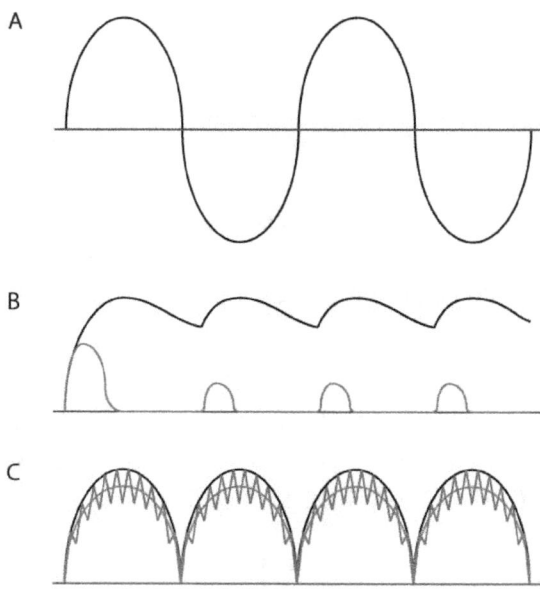

Fig. 2 – Formas de onda en condensador y bobina

4.3 El factor de potencia

Hemos visto que el desfase entre tensión e intensidad disminuye la potencia real, y que el conjunto de diodos + condensador distorsiona la corriente.

Denominamos factor de potencia a la relación entre la potencia activa (potencia real aprovechada por los equipos conectados), y la potencia aparente (potencia consumida de la red eléctrica).

De la propia definición podrás deducir que si las dos potencias (activa y aparente) no son iguales, estamos aprovechando solo una parte de la potencia consumida.

El objetivo en cualquier circuito eléctrico es que la potencia activa y la aparente sean iguales, por lo tanto su relación será igual a 1.

Habitualmente se confunde el factor de potencia con el cosφ.

El cosφ influye en el factor de potencia, porque cuanto mayor sea el desfase entre tensión e intensidad, más potencia estaremos desperdiciando.

Sin embargo, la distorsión de la señal no tiene nada que ver con el desfase, y también influye en el factor de potencia.

4.4 Cómo corregir el factor de potencia

Una vez conocidos los malos de la película, vamos a buscar el final feliz: el factor de potencia se puede corregir, de modo que toda la potencia absorbida sea aprovechada.

Hay varios sistemas para conseguirlo.

En el caso de un motor, donde ambas ondas son senoidales y hay poca distorsión, basta con conectar un condensador en paralelo.

Si decíamos que una bobina retrasa la intensidad, conectando un condensador la adelantamos. Solamente debemos calcular el valor del condensador para que las dos ondas queden sincronizadas.

En la industria, cuando hay una gran cantidad de motores conectados, se utilizan baterías de condensadores, donde un equipo electrónico mide el desfase y va conectando o desconectando condensadores hasta alinear la tensión y la intensidad.

En los pequeños equipos inductivos, como sucede en los balastos de lámparas fluorescentes, se conecta un pequeño condensador que compense el desfase producido por la reactancia, que es una bobina con un valor fijo.

Cuando se usan componentes pasivos (bobinas y condensadores) para corregir el factor de potencia, denominamos a estos sistemas correctores del factor de potencia pasivos.

En el caso de las fuentes conmutadas, que es lo que nos importa, no resulta tan sencillo, porque el problema no es solamente el desfase, también hay que corregir la distorsión. Para ello necesitamos un corrector del factor de potencia activo.

Para conseguirlo, hay varios sistemas que son similares, por lo que nos centraremos en el más utilizado.

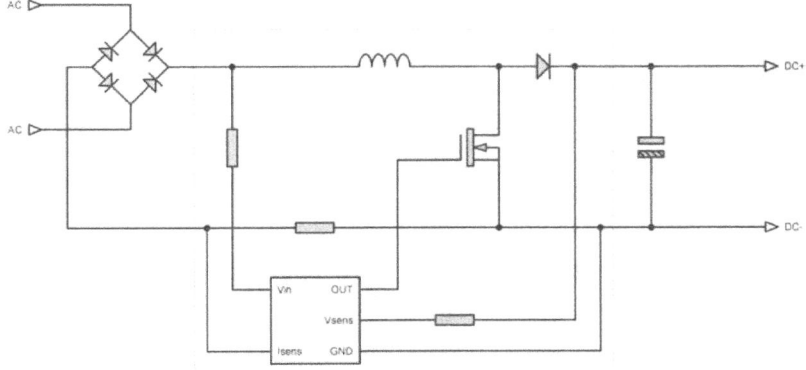

Fig. 3 – Esquema de corrector del factor de potencia

En la figura 3 he dibujado un esquema sencillo que representa un corrector del factor de potencia (PFC).

En los circuitos reales, se añaden varios componentes pasivos y semiconductores discretos, dependiendo del fabricante y el modelo del circuito integrado.

Observando el esquema, puedes ver los componentes mencionados en el artículo anterior: el puente rectificador y el condensador electrolítico.

El circuito integrado controla a un transistor como si fuese un interruptor, conectándolo y desconectándolo miles de veces por segundo.

Cuando el transistor está conectado, la bobina se carga de corriente, y cuando se desconecta, la bobina comienza a descargarse.

Variando el tiempo que el transistor está conectado y desconectado, se puede regular la cantidad de carga en la bobina.

El circuito integrado mide varios parámetros, normalmente la tensión de salida del rectificador, la tensión en el condensador, y la corriente total consumida.

El resultado es que, a partir de los datos medidos y del control del transistor, se consigue componer en la bobina una forma de onda senoidal.

Concretamente, tal como puedes ver en la figura 2C, la tensión aplicada a la bobina es la onda superior.

La corriente en la bobina tiene una forma triangular, generada por la carga de la bobina mediante el transistor.

La corriente tiene un valor eficaz que, al tratarse de una onda triangular, se corresponde con la media de dicha onda, observa la onda cruzando el centro de la señal triangular.

Mediante este circuito hemos conseguido una onda senoidal, con una distorsión mínima y sin desfase, es decir con un factor de potencia muy cercano a 1.

De cara a la red eléctrica, este circuito se comporta prácticamente igual que una carga resistiva.

Por eso también se denomina emulador de carga resistiva.

También se consigue desacoplar la corriente del condensador de la red, porque la corriente que absorbe el condensador no la toma de la red, sino de la bobina.

Entre la bobina y el condensador hay un diodo para que el condensador no devuelva corriente hacia la bobina o el transistor.

Como puedes comprobar en las fotografías al inicio del capítulo, muchas fuentes de alimentación no incorporan corrector del factor de potencia. Sobre todo en equipos económicos de poca potencia.

Otras combinan el PFC y la conmutación en un solo circuito integrado.

Gracias a los avances de los fabricantes de semiconductores, cada vez es más económico incorporar estas secciones en los equipos de bajo coste, por lo que serán más habituales.

Las fuentes de alimentación para PC suelen incorporar este módulo, al tratarse de equipos que pueden llegar a consumir bastante energía.

Un condensador es, básicamente, un componente fabricado a base de capas conductoras separadas por un elemento aislante. Las capas están muy cerca unas de otras, lo que permite que los electrones, al tener carga negativa, se vean atraídos por la capa con carga positiva.

Condensadores electrolíticos de aluminio

Este comportamiento hace que el condensador se convierta en una especie de batería con muy poca carga. Al aplicar corriente, el condensador se carga, y al desconectarlo, se descarga a través de los componentes conectados.

5.1 Funcionamiento conjunto rectificador-condensador

Para entender mejor el comportamiento de la corriente, lo ilustraremos con las siguientes formas de onda:

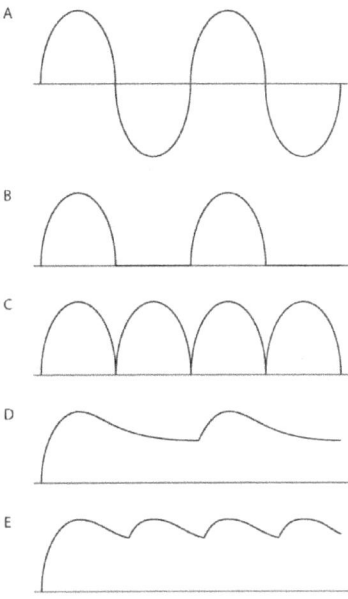

Fig. 4 – Formas de onda

En la figura 4A puedes ver la forma de onda sinusoidal típica de la corriente alterna (debo matizar que los dibujos no tienen la forma exacta de onda senoidal). Durante la mitad del tiempo la corriente se desplaza en un sentido, y en la otra mitad lo hace en el sentido contrario.

Cuando conectamos un diodo en serie con la corriente, en su salida encontraremos la onda que aparece en la figura 4B. Hemos eliminado el semiciclo negativo de la onda anterior.

Utilizando un puente rectificador conseguimos aprovechar la corriente de los dos semiciclos. La onda de salida será parecida a la de la figura 4C.

En el primer caso (4B) hablamos de un rectificador de media onda, porque perdemos la mitad de la onda. En el segundo (4C) decimos que es un rectificador de onda completa.

Al añadir un condensador a la salida del diodo, amortiguamos la onda, debido a que el condensador se carga mientras la onda asciende, y se descarga lentamente cuando desciende.

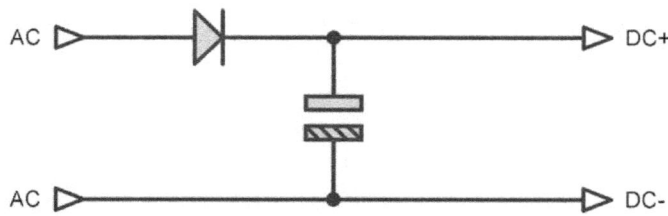

Fig. 5 – Rectificador de media onda, formado por un diodo y un condensador

Como puedes ver en la figura 5, en el semiciclo positivo el diodo deja pasar corriente y el condensador se carga, mientras que durante el semiciclo negativo el diodo no conduce, y el condensador deja salir su carga. Como habrás deducido, se trata de un rectificador de media onda.

La onda de salida corresponde a la figura 4D, donde se aprecia cómo se suaviza la caída de la onda gracias a la descarga del condensador.

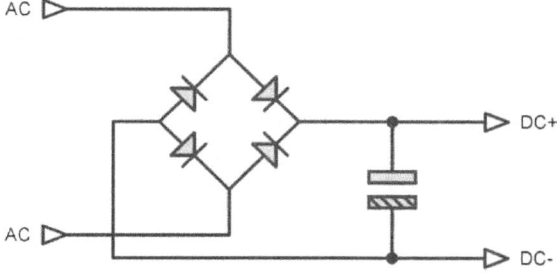

Fig. 6 – Puente rectificador de onda completa, con condensador electrolítico

En la figura 6, hay cuatro diodos, que permiten que durante un semiciclo la corriente pase por dos de ellos, y en el semiciclo contrario pase por los otros dos. Así es como se aprovecha toda la corriente en un rectificador de onda completa. El esquema es idéntico si se utiliza un puente rectificador o cuatro diodos individuales.

El rectificador de media onda se utiliza en algunas fuentes de alimentación de muy poca intensidad donde la calidad no es muy importante, o donde se requiere utilizar muy pocos componentes, ya sea por motivos económicos o de espacio.

El condensador a la salida de un rectificador de onda completa transforma la señal, que es similar a la figura 4E. Como ves, se parece más a una corriente continua que usando un rectificador de media onda. Como la caída es más corta, se puede utilizar un condensador de menor capacidad, haciendo el circuito más barato y compacto.

5.2 El rizado

Como habrás adivinado, realmente no hemos convertido la corriente alterna en una verdadera corriente continua. En una gráfica, la corriente continua es una señal totalmente horizontal, sin altibajos.

A estos altibajos le llamamos rizado. Cuanto menor sea este rizado, más se parecerá la señal a una corriente continua, y por tanto será de mejor calidad.

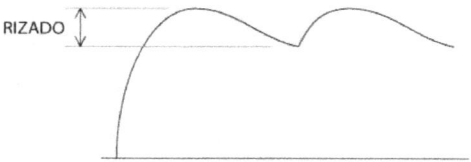

Fig. 7 – Forma de una corriente continua con rizado

Hay varias formas de reducir o eliminar el rizado:

- *Aumentando la capacidad* del condensador, la caída de la corriente es más lenta, por lo que la curva se suaviza.

- *Añadiendo una bobina* en serie. La bobina en serie se comporta igual que un condensador en paralelo, de modo que se refuerza este efecto.

- *Utilizando un estabilizador* a una tensión menor. Si añadimos un elemento semiconductor que elimine la parte alta de la onda conseguimos una corriente continua perfecta, aunque tendrá una tensión menor. En esta etapa de las fuentes conmutadas no se suelen utilizar estabilizadores.

6. TRANSISTOR

Antes de explicar el transistor, veremos la parte posiblemente más importante de una fuente de alimentación conmutada: el *inverter*.

En esta etapa, la corriente continua se convierte en una especie de corriente alterna, necesaria para que funcione el transformador.

El inverter o etapa de conmutación está formada por el transistor y el controlador.

6.1 Qué es un inverter

Seguro que la palabra inverter te recuerda a algo. Quizás a las máquinas de soldadura por arco, o al aire acondicionado de última generación.

Pues bien, se trata de lo mismo.

Un inverter es un convertidor de corriente continua a corriente alterna. Justo lo contrario que el diodo.

A diferencia de un rectificador de diodos, un circuito para convertir la corriente continua en alterna es algo más complicado.

Necesitamos generar impulsos de corriente con un oscilador. Para ello nos podría bastar con un transistor y un condensador.

En una fuente de alimentación necesitamos controlar la corriente, cualquier factor externo podría hacer que la tensión o la intensidad variasen de forma no deseada. Esto podría provocar averías, incluso daños graves.

Para conseguir controlar la corriente se utilizan circuitos integrados que hacen todo el trabajo difícil.

48

El objetivo es que la tensión de salida de la fuente sea muy estable, y no se descontrole aunque haya cambios de carga muy bruscos.

Para generar la corriente alterna, lo que hacemos es cortar y dejar pasar corriente alternativamente, muchas veces por segundo.

Podemos imaginar un interruptor que se conecta y desconecta constantemente.

El resultado es una forma de onda rectangular.

6.2 El transistor

En lugar de un interruptor, usamos un transistor, que permite trabajar a grandes velocidades, pudiendo cambiar su estado en pocos nanosegundos.

En la práctica, los transistores utilizados suelen ser MOSFET e IGBT, porque sus características son más apropiadas que los transistores bipolares.

Para variar las características de la corriente, podemos controlar el transistor para que conmute de dos formas distintas:

Regulación por variación de frecuencia

Una opción es variar la frecuencia del oscilador. Si el transistor conmuta a mayor velocidad, la frecuencia de la corriente resultante es más alta.

Este sistema se utiliza en los variadores de velocidad de motores de corriente alterna.

La velocidad del motor es proporcional a la frecuencia de la corriente aplicada.

Precisamente, los equipos de refrigeración inverter se denominan así porque tienen un circuito variador de velocidad, regulando la velocidad del compresor.

En los equipos sencillos (no inverter) el compresor tiene dos velocidades fijas, una de arranque y otra de trabajo. Cuando se activa el compresor, el consumo eléctrico es muy elevado, hasta que alcanza su velocidad de trabajo.

Las máquinas inverter mantienen el compresor girando a baja velocidad para mantener la inercia sin detenerse, y evitar el arranque. Por eso son equipos eléctricamente más eficientes.

Regulación por ancho de pulso (PWM)

En las fuentes conmutadas no es viable el sistema anterior, porque el transformador debe trabajar a una frecuencia fija para aprovechar al máximo su rendimiento.

Para regular la tensión y la corriente de salida se utiliza un generador PWM.

PWM son las siglas de Pulse Width Modulation, que traducido significa Modulación por Ancho de Pulsos.

El concepto es muy simple: si el interruptor está conectado durante más tiempo, dejará pasar más corriente, y si está menos tiempo ocurre lo contrario.

Para entenderlo mejor, te lo mostraré de forma gráfica.

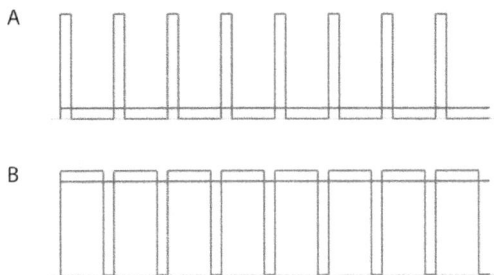

Fig. 8 – Ondas moduladas por PWM

En la figura 8 puedes ver dos ondas con la misma frecuencia y distinto ancho de pulso.

La línea recta representa el valor eficaz de la tensión, una vez rectificada y filtrada.

6.3 Red snubber

Cuando el transistor deja de conducir, la corriente no desaparece inmediatamente. El bobinado del transformador se descarga, devolviendo la corriente en sentido contrario. Esto puede provocar problemas en el transistor, por lo que es necesario controlar y amortiguar esa corriente.

Para solucionarlo se utilizan varios componentes, conocidos como red *snubber* (amortiguador en inglés).

Se trata de un filtro RC y un diodo que permiten el paso de las altas frecuencias, y por lo tanto el pico de descarga del transformador.

Una particularidad de estos componentes es que deben soportar picos de tensión elevados, por lo que los condensadores suelen tener una tensión nominal de 1kV.

7. CONTROLADOR

Las fuentes de alimentación conmutadas incorporan generalmente un circuito integrado que realiza la regulación PWM, además de muchas otras funciones, como la protección contra cortocircuito, contra sobretensiones, arranque suave, stand by, etc.

Vamos a centrarnos en su función como controlador del transistor, porque el resto de añadidos varía enormemente según el fabricante y modelo. Las características particulares vienen descritas en los datasheet.

Básicamente, el controlador genera una señal PWM en función de la tensión de salida de la fuente.

Cuando la tensión de salida supera el valor deseado, estrecha los pulsos de corriente, y así el transformador recibe menos energía. Al caer la tensión de salida, el controlador realiza la función contraria.

De este modo, la tensión de salida se mantiene constante, aunque varíe la carga aplicada. Para ciertas aplicaciones, donde la carga varía muy rápidamente, el circuito debe tener una respuesta inmediata para prevenir altibajos que afecten al equipo conectado a la salida.

El regulador también puede incorporar una entrada que se conecta a una resistencia *shunt*, para medir la corriente que consume el equipo.

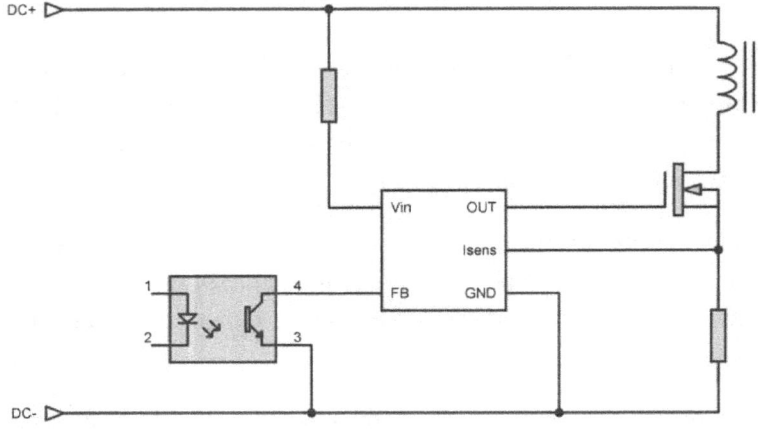

Fig. 9 – Esquema de la sección de conmutación

En el esquema de la figura 9 puedes ver cómo se conectan los distintos elementos.

El circuito integrado puede alimentarse directamente a través de una resistencia (de un valor bastante alto), ya que interiormente incorpora un circuito estabilizador de tensión.

En otros casos se alimenta desde un bobinado auxiliar del transformador, nombrado en los datasheet como *bias*, o a través de una pequeña fuente de alimentación lineal.

La resistencia *shunt*, que une el transistor con la masa, tiene un valor óhmico muy bajo, menor de 1Ω, para no alterar el funcionamiento del circuito. También suele ser bastante gruesa (en muchos casos se conectan varias resistencias en paralelo), porque toda la corriente del circuito pasa a través suyo.

Al medir la caída de tensión de esta resistencia podemos conocer la corriente que circula por el circuito. Aplicando la ley de Ohm, sabemos que I=V/R, por lo que la entrada Isens mide la tensión y calcula la corriente.

El optoacoplador entrega una señal proporcional a la tensión de salida. Veremos este componente con más detalle en un próximo artículo.

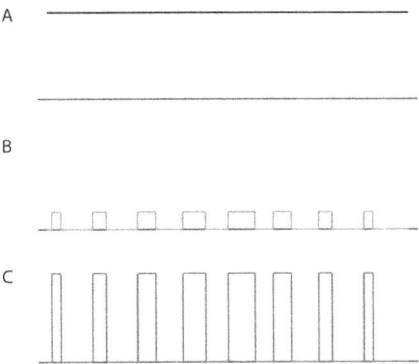

Fig. 10 – Señales en el transistor de conmutación

Cuando el transistor no está conduciendo, la tensión que le llega a través del bobinado del transformador es igual a la de entrada, porque las bobinas en corriente continua se comportan como un conductor. Esta tensión tiene la forma de la figura 10A.

Si aplicamos a la *base* o *puerta* (dependiendo del tipo utilizado) del transistor una señal PWM, éste conducirá de forma sincronizada con esta señal.

Cuando el transistor está conduciendo, la tensión en sus terminales de potencia (colector y emisor, o fuente y drenaje) es cero, porque quedan conectadas al negativo.

En este momento, la bobina del transformador recibe toda la tensión de entrada, al quedar conectada entre DC+ y DC-. Por lo tanto, absorbe toda la corriente que necesita.

Cuando el transistor deja de conducir, la bobina se descarga.

De este modo, la bobina se carga y descarga cíclicamente, por lo que la forma de la corriente sería una especie de onda triangular.

En definitiva, hemos conseguido entregar corriente alterna al transformador, con la que ya puede funcionar.

Te lo repetiré varias veces a lo largo del libro, pero creo que es el mejor ejercicio que puedes hacer para conocer perfectamente los distintos sistemas, sus puntos comunes y diferencias. Busca varios datasheet, donde normalmente aparecen esquemas de ejemplo, e intenta comprender la función de cada componente.

No tengas miedo a los datasheet, porque la información más compleja suele estar destinada a ingenieros de diseño. La información más práctica para conocer el funcionamiento general suele ser fácil de entender (salvo que no sepas inglés).

8. TRANSFORMADOR

Te voy a explicar lo más importante que debes saber sobre los transformadores.

En las etapas anteriores, hemos convertido la corriente alterna en continua, para después volver a generar una corriente alterna.

Es el momento de reducir la tensión.

8.1 Qué es un transformador

Un transformador, básicamente es un conjunto de dos bobinas que comparten el mismo núcleo.

Una de las bobinas convierte la corriente en energía electromagnética, y la otra hace justo lo contrario.

La bobina que recibe la corriente se conoce como bobinado primario, y la que genera corriente se llama bobinado secundario.

Igual que ocurría en la etapa del PFC, la bobina recibe una corriente eléctrica, y como ocurre con cualquier conductor, una parte de esa corriente se convierte en un campo electromagnético.

Este campo magnetiza el núcleo del transformador.

Cuantas más vueltas tiene la bobina, mayor cantidad de la corriente recibida se convierte.

Cuando la corriente se detiene, el campo magnético se disipa.

El metal con el que se fabrica el núcleo no permanece imantado, por lo tanto, solo mantiene el campo magnético durante un instante.

El campo magnético generado provoca que los electrones del bobinado secundario se desplacen, generando una pequeña corriente.

Al invertirse el semiciclo de la corriente, se vuelve a repetir el proceso, aunque esta vez el campo magnético tiene la polaridad invertida, y también la corriente del secundario.

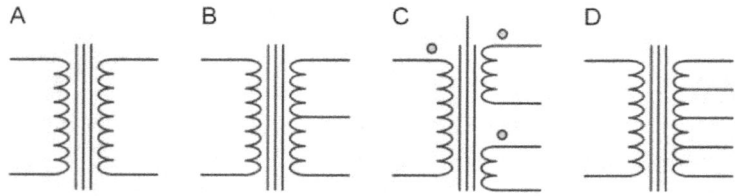

Fig. 11 – Símbolos de transformadores

Podemos arrollar varias bobinas en el mismo núcleo, con lo que tendremos varios secundarios. Éstos pueden estar eléctricamente

58

unidos, como en la *figura 11B* y *11D*, o separados como en la *figura 11C*.

No hay conexión eléctrica entre los bobinados primario y secundario, por lo que los transformadores también sirven para aislar el circuito de entrada del circuito de salida.

La tensión de entrada es proporcional a la de salida. Esto quiere decir que si aumenta en el primario, también lo hará en el secundario, y viceversa.

Cambiando la relación de espiras también cambiamos la relación de tensiones.

Si, por ejemplo, el bobinado primario tiene el mismo número de espiras que el secundario, la tensión de salida será igual a la de entrada. La relación de transformación será 1:1. Este tipo de transformador solo resultaría interesante como aislamiento de seguridad.

Si el bobinado primario tiene 100 espiras y el secundario tiene 10, la tensión de salida será 10 veces menor que la de entrada. La relación será 1:10.

Si el primario tuviera 5 y el secundario 500, la tensión de salida sería 100 veces la de entrada (1:100).

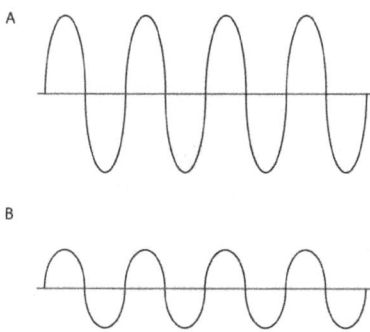

Fig. 12 – Tensión en el primario (A) y en el secundario (B)

Si al conectar el transformador intercambiamos el primario por el secundario, la relación de transformación se invierte, de modo que un transformador que reducía la tensión pasará a aumentarla, y viceversa.

Imaginemos que tenemos un generador conectado a turbina movida por una corriente de agua. Ese generador produce 12V. Si conectamos un transformador con una relación 1:20 (primario < secundario), a la salida tendremos 240V.

Podemos llevar la corriente a través de un cable, y en el otro extremo conectar otro transformador 1:20 (primario > secundario), para reducir la tensión de nuevo a 12V, donde conectaremos una lámpara. Así es básicamente cómo funcionan los tendidos de alta tensión que unen las centrales generadoras con los edificios de los consumidores.

8.2 Tipos de transformadores

El transformador es un elemento bastante sencillo, y tiene muchísimas aplicaciones, por lo que existen muchos tipos distintos.

En las fuentes de alimentación, básicamente hay dos tipos:

Trabajan a baja frecuencia (50-60Hz). Son pesados y tienen un bajo rendimiento, es decir que al transformar *corriente – campo magnético – corriente*, una parte importante de la energía se pierde. Habitualmente se utilizan dos tipos:

- Transformadores de chapa en E: El núcleo está compuesto de muchas láminas metálicas superpuestas.

Transformador de láminas en E

- Transformadores toroidales: El núcleo es un anillo al que se arrollan las bobinas. Por su forma, tienen menos pérdidas que el tipo anterior.

Transformador toroidal

8.2.2 Transformadores de pulsos

Su forma es similar a la de los transformadores de chapas en E, pero los núcleos están fabricados de materiales como la ferrita. Trabajan a altas frecuencias, lo que permite reducir las pérdidas, y además obtener una mayor corriente de salida, con un tamaño mucho menor que el de los transformadores lineales.

Transformador de pulsos

En las fuentes de alimentación conmutadas se utilizan los *transformadores de pulsos*.

La principal particularidad de este tipo de transformadores, es que el núcleo está "afinado" a una frecuencia. Por lo tanto, no podemos intercambiar transformadores que trabajen en distintos rangos de frecuencias.

8.3 Potencia y corriente máxima en los transformadores

Un transformador consume una potencia igual a la del circuito conectado a su salida, más las pérdidas del propio transformador.

En un transformador ideal, que no tuviese pérdidas, la potencia de entrada sería igual a la de salida.

La potencia nominal de un transformador se mide en VA (*voltiamperio*), al ser una medida de *potencia aparente*.

La corriente de salida está limitada principalmente por la sección del hilo del bobinado secundario.

Si la carga conectada es muy grande, la corriente que circulará por el bobinado será mayor de la que pueda soportar el hilo, por lo que se quemará.

La sección del hilo del bobinado primario será inversamente proporcional a la tensión. Es decir, si el primario es de 100V y el secundario de 10V (relación 1:10), la corriente del primario será 10 veces menor que la del secundario.

Como P=V·I, si el transformador del ejemplo anterior tuviese 10VA nominales, la intensidad máxima del secundario sería de 1A, mientras que la del primario sería 0,1A.

Con todo lo explicado anteriormente, ya te puedes hacer una idea del funcionamiento del transformador en las fuentes conmutadas, que es lo que nos interesa.

En la etapa anterior se había generado una corriente alterna de más de 300Vpp, que se aplica al primario.

Normalmente las salidas del transformador serán menores de 50V eficaces.

Muchos transformadores de fuentes conmutadas tienen un bobinado auxiliar (bias) para alimentar los componentes de las secciones activas, es decir el corrector del factor de potencia y la etapa de conmutación (inverter).

De hecho, no es raro encontrar transformadores con más de cinco bobinados secundarios. Por ejemplo, en las fuentes de alimentación para PC, puede haber un bobinado para cada salida (bias, +12V, -12V, +5V, -5V, 3.3V, etc.).

En las fuentes de alimentación lineales (no conmutadas), los transformadores se seleccionan en función de sus tensiones, potencias, y conexión de los bobinados. Estos parámetros están bastante estandarizados, por lo que no hay demasiada variedad, y no es difícil encontrar el modelo deseado.

Los transformadores de pulsos son más complicados, porque al tener que seleccionar parámetros adicionales como la frecuencia de trabajo y la opción de bobinados auxiliares, las posibilidades se multiplican.

Por si esto fuese poco, no hay valores ni referencias estandarizados, lo que complica enormemente conseguir un repuesto.

Para mí, el transformador es el componente más tedioso en caso de que sea necesario repararlo.

A veces hay que dedicar mucho tiempo a buscar el repuesto, lo que puede hacer inviable la reparación.

En la mayoría de los casos, el transformador se diseña a medida para cada modelo de circuito.

Si se trata de un equipo muy caro, donde vale la pena dedicarle bastante tiempo, se puede rebobinar el transformador.

Tan solo es cuestión de desmontarlo con mucho cuidado, contando las vueltas de cada hilo y estudiando muy bien su montaje.

Es importante montar el hilo nuevo exactamente igual, con el mismo número de espiras, sentido, aislamientos, conexiones, distancias laterales, etc.

También hay que medir bien las secciones de los bobinados y seleccionar un hilo esmaltado idéntico, para que el conjunto mantenga las mismas características eléctricas.

Algunos fabricantes ofrecen aplicaciones gratuitas para calcular los transformadores, y también notas de aplicación (busca en Google *Applicatoin Note*), que pueden ayudarte a calcularlos.

Si realizas muchas reparaciones de fuentes conmutadas, sobre todo en equipos de alto coste, te puede interesar tener los materiales y útiles que te permitan hacer este trabajo.

Para reparaciones puntuales, rebobinar el transformador significa tener que comprar hilos de cada diámetro, cinta aislante especial (de color amarillo).

Como normalmente los transformadores están fabricados mecánicamente, rebobinarlos a mano es un trabajo complejo, que cuesta tiempo y dinero. Por eso muy pocos técnicos los reparan.

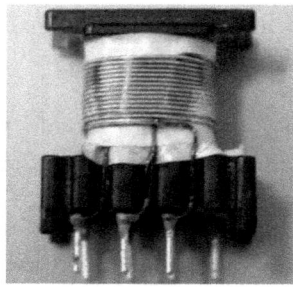

Bobinado de un transformador de pulsos

9. RECTIFICADOR SECUNDARIO

Al igual que ocurría en el rectificador del primario, donde convertíamos 230Vac en unos 320Vac, utilizaremos un diodo para convertir la corriente alterna en corriente pulsante (Figura 13).

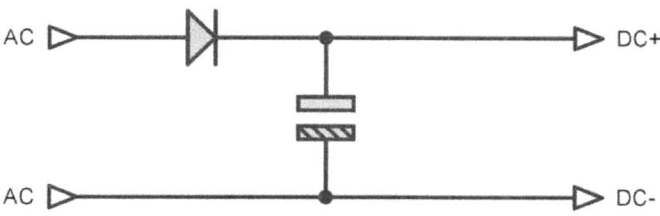

Fig. 13 – Rectificador y filtro de salida

En esta ocasión no nos importa tanto si usamos un rectificador de media onda o un rectificador de onda completa.

El motivo es que esta corriente es de alta frecuencia. Esto quiere decir que los pulsos estarán mucho más juntos, y será muy fácil filtrarlos para conseguir una corriente continua.

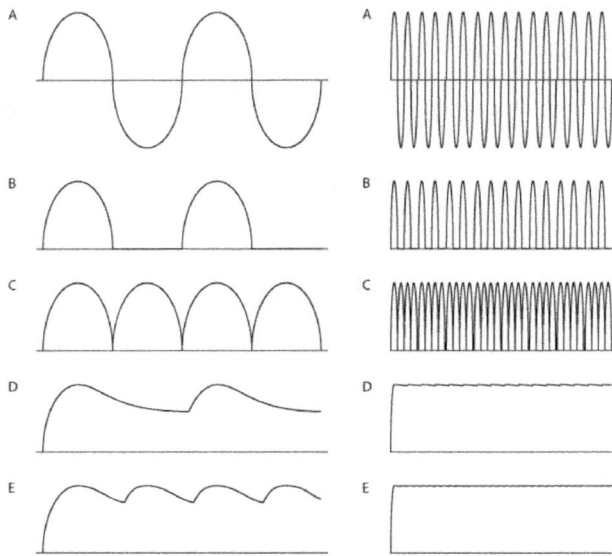

Fig. 14 – Formas de onda: Baja frecuencia a la izquierda y alta frecuencia a la derecha; (A) corriente alterna; (B) media onda rectificada; (C) onda completa rectificada; (D) media onda filtrada; (E) onda completa filtrada

En la figura 14 puedes ver la comparación entre dos frecuencias distintas. Se aprecia que cuando la frecuencia es más alta, los pulsos están más juntos, por lo que el condensador prácticamente no trabaja. Si tenemos en cuenta que la frecuencia puede ser miles de veces superior a la del primario, es fácil deducir que el condensador en el secundario puede ser mucho más pequeño.

Debido precisamente a la alta frecuencia de la corriente, no podemos utilizar diodos rectificadores normales. Si lo hiciésemos, éstos tardarían demasiado tiempo en empezar y dejar de conducir.

Para esta función se utilizan los diodos ultrarrápidos, o diodos Schottky. Su símbolo es distinto al de los diodos rectificadores normales (figura 15).

Como siempre se usan diodos de este tipo en las salidas de las fuentes conmutadas, es normal que se representen con el símbolo del diodo sencillo, porque se sobreentiende que son Schottky.

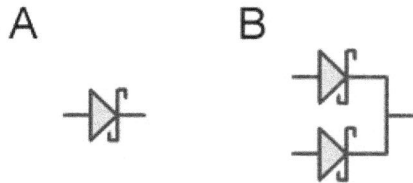

Fig. 15 – (A) diodo Schottky; (B) diodo Schottky doble con cátodo común

En las fuentes de alimentación más potentes es habitual encontrar el diodo de la figura 15B, que suele tener un encapsulado similar al de un transistor.

Tal como ocurre con el rectificador del primario, a la salida también es necesario montar un componente que suavice el rizado. Como ya he dicho, con un condensador de poca capacidad es suficiente.

Precisamente por la facilidad de filtrar el rizado, también se utilizan bobinas en serie.

Las bobinas presentan una serie de ventajas, entre las que podemos destacar estas:

- Se puede fitrar una gran corriente aumentando la sección del hilo que forma la bobina (figura 16).

- No hay desgaste, como ocurre en los condensadores electrolíticos.

- No se ven afectadas por las altas temperaturas.

Fig. 16 – Bobina en la salida de una soladora inverter

Si una bobina sirve como filtro igual que un condensador, podemos combinar ambos para mejorar el filtrado.

En la figura 17 puedes ver tres tipos de filtro: de tipo C (condensador), de tipo L (bobina), y de tipo LC (bobina y condensador). Las combinaciones se pueden complicar más aumentando el número de componentes. Por ejemplo, no es raro encontrar filtros LC en configuración π (condensador, bobina y condensador).

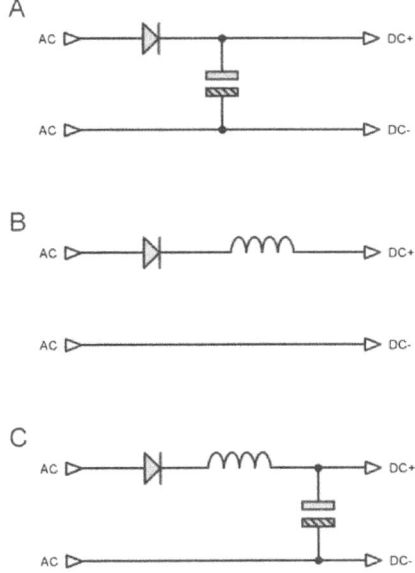

Fig. 17 – Tipos de filtro de salida: (A) filtro C; (B) filtro L; (C) filtro LC

10.1 Rectificador y filtro con salida negativa

Para conseguir una alimentación negativa, simplemente se conectan dos diodos y dos condensadores tal como muestra la figura 18.

En este caso, los condensadores se pueden sustituir por bobinas o combinar ambos componentes, igual que en el ejemplo anterior. Únicamente hay que tener en cuenta la polaridad de los condensadores.

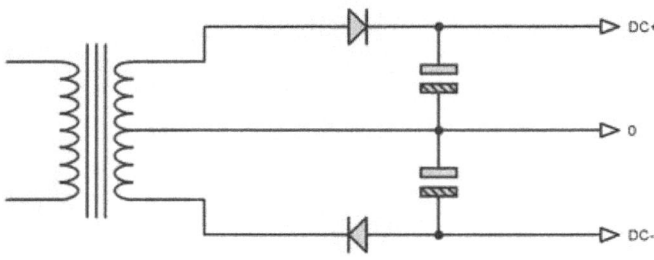

Fig. 18 – Rectificador y filtro dual

11. ESTABILIZADOR DE TENSIÓN

La última etapa de una fuente de alimentación conmutada es la que controla la regulación de tensión, también llamada retroalimentación (feedback), o amplificador de error.

El funcionamiento de esta etapa es muy básico, pero resulta bastante confuso por la forma de explicarlo en los libros de texto y datasheet de fabricantes.

11.1 Por qué hay que regular la tensión

En las fuentes SMPS la tensión de salida depende de varios factores.

Cuando se conecta una carga que consume mucha corriente, la tensión de la fuente cae. Igualmente, cuando la carga disminuye, la tensión aumenta de nuevo.

Si la carga no es estable, como ocurre habitualmente, hay que mantener la tensión constante, para evitar problemas de funcionamiento y averías.

El regulador PWM del primario varía la anchura de los pulsos para cambiar la tensión de salida del transformador.

Esto quiere decir que en una fuente conmutada la tensión es variable.

En la mayoría de aplicaciones, la tensión de la fuente debe ser fija, y además muy estable, para que la tensión sea lo más exacta posible y no varíe en ningún momento.

11.2 Cómo se regula la tensión de salida

En una fuente de alimentación lineal, la tensión de salida se regula mediante circuitos integrados estabilizadores de tensión, o diodos zener en aplicaciones más básicas.

En muchos circuitos no se requiere demasiada precisión, por lo que ni siquiera se usan componentes específicos.

La tensión de salida es la que entrega el transformador, una vez rectificada por los diodos y filtrada por el condensador.

En una fuente de alimentación conmutada no sirve este planteamiento, y se hace de una forma totalmente distinta.

La solución es muy básica. Se mide la tensión en la salida de la fuente y se varía la señal PWM para aumentarla o disminuirla según se requiera.

Es fácil decirlo, pero hacerlo es otra historia.

El principal problema es que el regulador PWM está en el primario, con tensiones de más de 300V, y queremos medir la tensión en el secundario, que suele ser de pocos voltios.

El transformador sirve como aislamiento de seguridad, por lo que no interesa conectar partes del primario con componentes del secundario, para mantener este aislamiento.

En este caso entra en juego el optoacoplador.

11.3 Qué es un optoacoplador

Un *optoacoplador* es un circuito integrado que contiene un diodo led y un fototransistor.

Cuando aplicamos tensión al led, éste se ilumina, activando el fototransistor que entra en conducción.

Ambos componentes "se ven pero no se tocan", es decir que el led transmite luz al fototransistor, pero no hay contacto físico ni eléctrico entre ellos.

Al estar los componentes aislados eléctricamente, los circuitos conectados en cada lado permanecen separados.

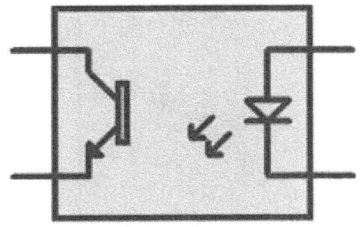

Símbolo del optoacoplador

Las corrientes que soporta un optoacoplador, tanto en el diodo como en el fototransistor son muy bajas, por lo que únicamente pueden manejar señales.

Para poder manejar cargas de cierta potencia, se debe conectar algún componente adicional.

11.4 El circuito integrado TL431

Aunque hay varias formas de regular la tensión en una fuente conmutada, la más habitual gira en torno a un componente: el TL431.

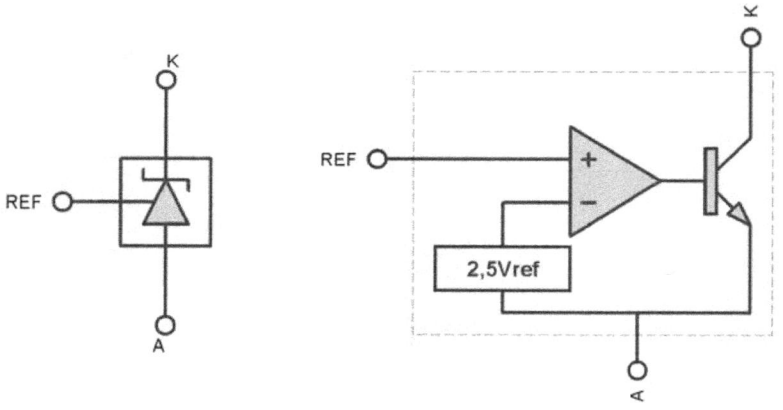

Fig. 19 - Circuito integrado TL431

Se trata de un circuito integrado que incorpora varios elementos.

Debido a su bajo coste y a su precisión, es el componente más habitual para esta aplicación.

Cada fabricante varía la referencia de sus componentes. Es habitual encontrar este componente con otros códigos, pero suelen coincidir en la numeración xxx431.

Internamente, el TL431 tiene tres elementos, representados a la derecha de la figura 19:

- Un circuito de referencia de 2,5V. Siempre que entre los terminales K y A haya una tensión superior, esta parte del circuito generará 2,5V con una gran precisión y estabilidad ante los cambios de temperatura.

- Un amplificador operacional, que cuando la tensión en el terminal REF es superior a 2,5V activa su salida.

- Un transistor, que entra en conducción cuando el operacional entrega tensión a su base.

En definitiva, el integrado conecta los terminales K y A cuando en el terminal REF hay más de 2,5V.

Este modo de funcionamiento ha hecho que el TL431 sea conocido como "zener regulable", aunque yo creo que este nombre provoca bastantes confusiones.

El símbolo que se suele utilizar en los esquemas es el de la izquierda de la figura 19.

Se trata del símbolo de un diodo zener, al que se ha añadido el terminal REF.

Aunque en la práctica cada circuito tiene unos componentes distintos, es habitual seguir el siguiente esquema básico:

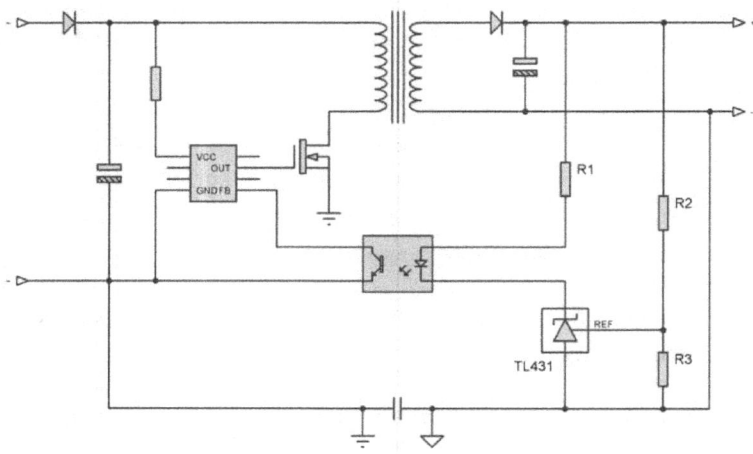

Fig. 20 - Conexión de los componentes de regulación de tensión

R2 y R3 actúan como un *divisor de tensión*. Si, por ejemplo, la tensión de salida de la fuente debe ser de 5V, R2 y R3 tendrán valores idénticos, para que en el pin REF la tensión sea igual a 2,5V.

Cuando la tensión entre + y - sea mayor de 5V, la tensión en REF también será mayor que 2,5V, por lo que el TL431 dejará pasar corriente a través de R1 y del led del optoacoplador.

El led se iluminará activando el fototransistor, que conectará a masa el terminal FB (feedback) del regulador PWM, que a su vez reducirá el ancho de los pulsos para disminuir la tensión de salida.

Cuando la tensión entre + y - caiga por debajo de 5V, y por lo tanto sea menor de 2,5V en REF, el TL431 dejará de conducir, el led se apagará, y el fototransistor desconectará la entrada FB de la masa.

En este caso, el regulador PWM aumentará el ancho de los pulsos hasta recibir una nueva señal del optoacoplador.

En definitiva, el regulador sabrá cuándo aumentar o disminuir la tensión, en función del estado del TL431.

El funcionamiento puede variar según el tipo de regulador PWM, por lo que debes consultar el datasheet del fabricante para ver las diferencias.

Las fuentes de alimentación de mayor calidad suelen tener una respuesta bastante rápida y efectiva ante los cambios de tensión provocados por variaciones bruscas de la carga.

Esto se consigue utilizando el modelo adecuado de regulador PWM, además de varios componentes adicionales, normalmente resistencias y condensadores cerca del TL431. También es fácil encontrar algún diodo zener.

Los controladores de conmutación suelen incorporar algunas funciones extra, aparte de las comentadas.

Aunque cada fabricante incorpora las que cree convenientes, únicamente veremos las más comunes.

Como siempre, te recomiendo consultar los datasheet para ver las características específicas de cada modelo.

Protección contra sobretensiones

Además de las protecciones a la entrada de la fuente, muchos circuitos integrados controladores de conmutación incorporan una protección contra sobretensiones.

El funcionamiento es muy básico.

Una de las patillas del integrado se conecta a la corriente continua del primario, a través de una o varias resistencias, según las especificaciones del fabricante.

De este modo, el integrado mide la tensión constantemente, y la compara con un valor de referencia interno.

A partir de esta comparación, sabe en todo momento si la tensión es la adecuada.

En el momento que la tensión supera un valor establecido, el integrado entra en modo de protección, desactivando la fuente, para que la corriente que circule sea mínima y no provoque daños.

Algunos controladores se rearman automáticamente, cuando la tensión vuelve a un valor seguro, y otras quedan desactivadas hasta desconectarlas de la red eléctrica durante unos segundos.

Protección contra sobreintensidades

Igual que en el caso anterior, el integrado también puede medir la corriente que está circulando a través de la fuente, para desconectarla en caso de que exista una sobrecarga importante, o un cortocircuito a la salida.

Aunque el fusible de entrada cumple la misma función, la ventaja de que sea el controlador quien proteja a la fuente es que se desconectará antes de fundir el fusible, por lo que no se requiere sustituirlo, con los inconvenientes que puede suponer (desmontar el equipo, o localizar un fusible nuevo).

Por este mismo motivo, cuando encuentres una fuente con el fusible fundido, lo normal es que al sustituirlo vuelva a fundirse, porque no se trata de una sobrecarga temporal que habría activado el modo de protección, sino de una avería.

Para medir la intensidad, se coloca una resistencia en serie, que puede estar en la salida del rectificador primario, o conectada al transistor de conmutación.

Una de las patillas de la resistencia se conecta a una entrada del integrado, y la otra suele conectarse al punto de masa.

El integrado sabe, comparando la tensión de la resistencia con la de masa, la intensidad que está circulando a través de la fuente.

En caso de superarse el valor establecido, desconectará la fuente y entrará en modo de protección.

Es habitual que la fuente quede protegida aunque desaparezca la sobreintensidad.

Para rearmar la protección y que la fuente vuelva a funcionar, es necesario desconectar la fuente de la red y esperar a que el condensador se descargue completamente.

Al volver a conectarla, funcionará con normalidad.

Los controladores más modernos y eficientes miden la corriente en cada pulso de conmutación.

Para descartar sobrecargas parásitas, de duración muy breve, solo entran en el modo de protección cuando la sobrecarga se ha detectado durante varios pulsos seguidos.

Arranque suave

Muchos reguladores incorporan esta función, que no es más que una regulación progresiva de los pulsos PWM, que hace que la fuente empiece a conmutar para que la tensión de salida sea muy baja, y va aumentando proporcionalmente, hasta alcanzar la tensión normal de trabajo.

La ventaja de este tipo de funcionamiento es que se evitan picos de corriente devueltos por las cargas inductivas, y otros fenómenos eléctricos no deseados.

En muchos modelos, el tiempo que dura esta rampa es regulable, mediante los valores de un condensador y una resistencia conectados a una entrada del circuito integrado.

Este arranque suele ser bastante corto, de menos de un segundo, pero es suficiente para prevenir problemas.

Stand by

La función de *stand by* puede encontrarse en dos variantes:

1. Green mode o funcionamiento en vacío

La fuente detecta que no hay ninguna carga conectada, y entra en modo de suspensión, consumiendo la corriente mínima que le permita supervisar que se conecta una carga.

En el momento que esto ocurre, se activa y funciona con normalidad.

Algunos controladores reducen la frecuencia de conmutación, lo que minimiza el consumo, y no afecta demasiado a la "afinación" del transformador, al tratarse de una corriente muy baja.

2. Stand by que depende de otro elemento

El circuito integrado incorpora una entrada de alimentación para stand by, y mientras ésta no se active, el circuito no consume energía (o lo hace con una corriente casi despreciable).

De este modo, el circuito necesita de otro dispositivo que determine cuándo se debe activar el funcionamiento normal.

En las fuentes ATX que utilizan las computadoras, hay un cable (pin 9) que suministra tensión permanentemente (+5VDC), lo que permite el funcionamiento de varios periféricos, como el teclado o la tarjeta Ethernet.

Otro cable (pin 14) activa la fuente cuando se conecta a masa.

De este modo, podemos activar la fuente con el pulsador de encendido, que puentea el pin 14 a masa, o puede ser el propio teclado o la tarjeta Ethernet quienes envíen un comando a la placa base para que puentee estos pins y el equipo arranque completamente.

Además de las herramientas comunes en cualquier taller, es realmente útil disponer de los siguientes elementos

Lámpara en serie

Un truco muy eficaz, que nos puede evitar muchos problemas, es conectar una lámpara en serie con la fuente.

La lámpara debe ser incandescente, por ejemplo de 230V/50W.

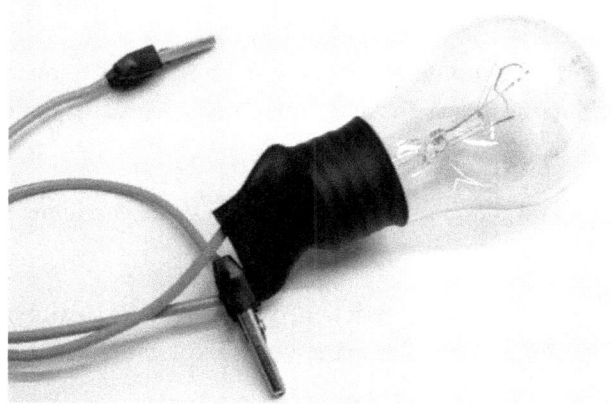

La función de esta lámpara es evitar un cortocircuito directo en la red si el primario de la fuente está cortocircuitado.

En caso de que así sea, la fuente se comportará como un conductor, de modo que la lámpara se iluminará.

Si no hay cortocircuito en el primario, la lámpara no se encenderá, o lo hará durante un breve instante, mientras se carga el condensador primario.

Como la lámpara estará absorbiendo el exceso de corriente, la fuente no sufrirá daños.

Este sistema es realmente práctico, y evitará que sustituyamos un componente por otro nuevo para verlo explotar al cabo de unos minutos.

Carga resistiva

Si la fuente de alimentación tiene un modo stand by basado en la detección de carga, es posible que no arranque mientras la estamos probando en vacío.

Para evitarlo, se pueden usar cargas resistivas, que básicamente consumen la corriente que entrega la fuente.

Las cargas deben tener algunas características básicas:

- Deben trabajar a la tensión nominal de la fuente. Si tenemos una fuente que entrega 50V, no podemos conectar lámparas de 12V
- Deben consumir una corriente inferior a la máxima soportada por la fuente. Si tienen un consumo muy elevado, entrarán en marcha las protecciones contra sobrecargas, o en el peor de los casos podemos quemar algún componente

Yo utilizo lámparas como carga. Son fáciles de conseguir, y además se iluminan cuando reciben corriente, por lo que es una forma rápida de comprobar que hay tensión en la salida.

Otra ventaja de usar cargas es que algunas averías no muestran síntomas hasta que se supera una corriente, por lo que este sistema ayuda a revelarlos.

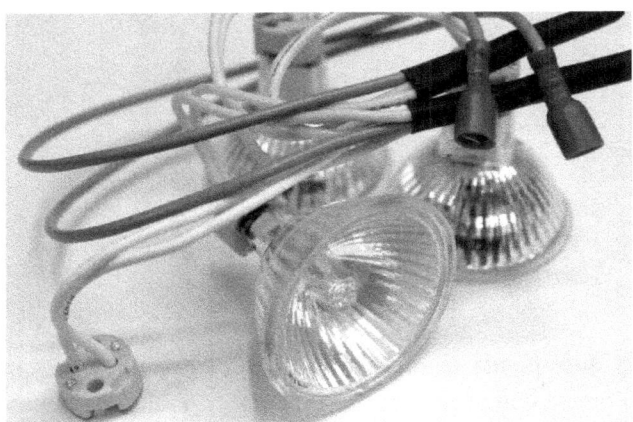

Dependiendo del equipo, combino varias lámparas en serie o en paralelo.

Por ejemplo, para fuentes de 24V/12A coloco dos lámparas halógenas de 12V/50W en serie. Si estoy probando una fuente de 12V/13A, puedo montar dos lámparas de 12V/50W en paralelo (consumen unos 8A), para hacer las primeras pruebas, y después añadir una tercera para verificarla a plena carga (consumen 12,5A).

Indicador de neón

Este es un truco sencillo para comprobar que el transistor de conmutación está oscilando.

Se trata simplemente de conectar una lámpara de neón con varios componentes adicionales, para que ésta se encienda únicamente si hay una corriente de alta frecuencia a la entrada del transformador.

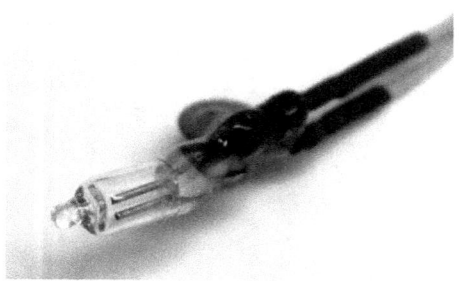

La idea y el esquema los publicó *Terrazocultor*, que es un blogger y *youtuber* que comparte muchísima información y trucos sobre electrónica y otras ciencias.

Te recomiendo que visites su canal si aún no lo conocías.

Como se trata de pocos componentes muy baratos, no tienes excusa para no construirte este sencillo comprobador.

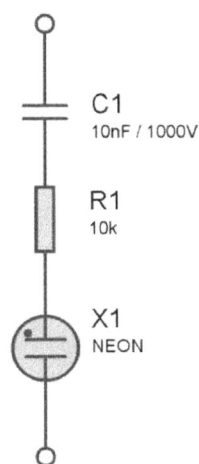

Un polímetro es una herramienta que se puede configurar para medir varias magnitudes.

Principalmente incorpora las funciones de medida de tensión, intensidad y resistencia. También es habitual que integre opciones de medida de continuidad y diodos. Otras opciones que ya no son tan habituales son: medida de capacidad, hFE, frecuencia, temperatura, inductancia, dB.

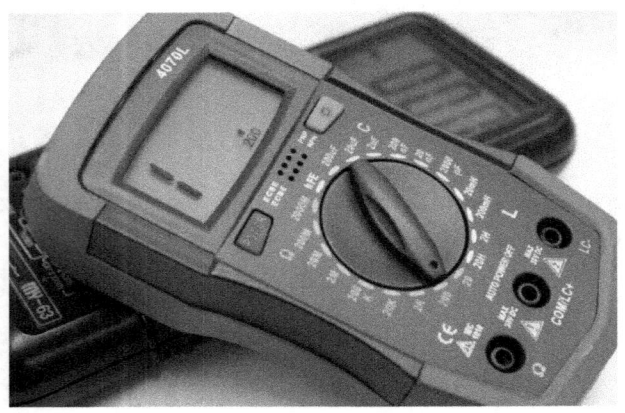

Hace tiempo se clasificaban en dos grandes grupos: analógicos y digitales. Actualmente, los analógicos solo se utilizan en aplicaciones muy específicas, habiendo casi desaparecido.

El precio de un polímetro es muy bajo, por lo que es accesible para cualquier técnico o aficionado.

Sin embargo, los equipos más económicos suelen tener menor precisión, por lo que es necesario hacer una mayor inversión si se quieren obtener mejores resultados.

Para usos generales, es suficiente con un equipo de gama media, entre 30 y 60 € o USD.

A la hora de comprar un polímetro, también debes tener en cuenta las funciones que incorpora, sobre todo para evitar tener que comprar dos equipos si existe uno que realice las funciones de ambos y resulte más económico.

Para reparaciones electrónicas, lo ideal sería tener un polímetro que incorpore: tensión AC y DC, corriente AC y DC, resistencia, continuidad, diodos, capacidad, inductancia y ESR. En este caso, un equipo que reúna todas estas funciones suele ser muy caro, por lo que es habitual usar dos o tres que se complementen.

En caso de que realices las reparaciones en campo, puede interesarte invertir en un solo equipo, para facilitar el transporte y manejo.

Osciloscopio

El osciloscopio es el rey de los equipos de medida en electrónica.

Se trata de un equipo capaz de reproducir el comportamiento de la corriente eléctrica de forma visual.

Esto nos permite "ver" la corriente, lo que nos permite obtener muchísima más información que usando un simple polímetro, o cualquier otro medidor que muestre una sola magnitud.

El funcionamiento básico es muy simple. Los osciloscopios analógicos, ya prácticamente desaparecidos, simplemente mostraban un punto en pantalla que se desplazaba horizontalmente con el tiempo, y verticalmente según la tensión medida con la sonda o punta de prueba.

Si se medía una señal variable, este punto dibujaba la onda en la pantalla, lo que permitía diferenciar corrientes senoidales, trenes de impulsos, etc.

Los equipos actuales son los osciloscopios digitales, mucho más potentes y relativamente más económicos que sus antepasados. Además de mostrar las señales, permiten memorizarlas, combinarlas usando operaciones matemáticas, y muchas otras características según el modelo.

Se trata de una herramienta imprescindible para cualquier técnico que se dedique profesionalmente a la reparación de circuitos.

Si no tienes osciloscopio, te recomiendo que consigas uno. Hace unos años tenías que invertir miles de euros para conseguirlo, pero ahora puedes encontrar uno nuevo a partir de 200€, o mucho menos en el mercado de segunda mano.

ESR son las siglas de *resistencia serie equivalente*, y se refiere a la resistencia que presentan los condensadores al paso de la corriente alterna.

Los condensadores no conducen la corriente continua, por lo que no se pueden medir con la función de resistencia de un polímetro normal.

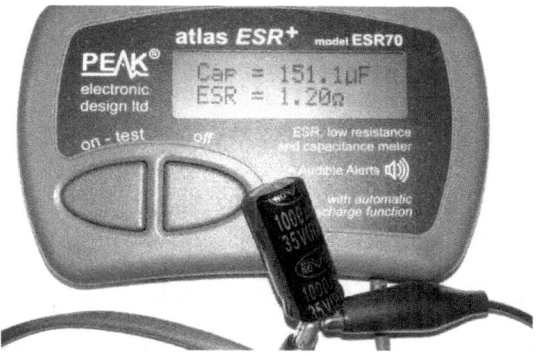

Para eso se utiliza un medidor de ESR, que básicamente es un óhmetro que funciona con corriente alterna.

La ESR nos indica la facilidad que tiene un condensador para cargarse y descargarse, por lo que un valor alto revela que no trabaja adecuadamente, aunque su capacidad sea correcta.

Por lo tanto, un medidor de ESR es un complemento perfecto para un capacímetro, porque con uno conoceremos su capacidad (cantidad de energía que puede almacenar) y con el otro su resistencia.

Es habitual encontrar medidores de ESR que además incorporan función de capacímetro, por lo que en una sola acción medimos la capacidad y la ESR.

Medidor de semiconductores

Una herramienta que me ha facilitado mucho el trabajo ha sido un analizador de semiconductores discretos.

Este equipo es muy compacto. Tiene un display, dos botones y tres puntas de prueba. Al conectar un componente, indica qué tipo es, y algunos valores básicos.

Resulta muy útil para verificar el funcionamiento de transistores y diodos, y además indica si el componente está cortocircuitado.

Lo uso principalmente para verificar diodos, transistores, MOSFET o IGBT.

Transformador de aislamiento

Es muy recomendable utilizar un transformador de aislamiento para probar equipos en reparación.

Este transformador tiene dos bobinados idénticos, por lo que la relación de transformación es 1:1. Es decir, la tensión de salida es igual que la de entrada.

Al usar un transformador, estamos físicamente separados de la red eléctrica, y si accidentalmente tocamos una parte en tensión del circuito, al no haber referencia respecto a tierra no circulará corriente a través de nuestro cuerpo.

Pulsera electrostática

Una pulsera electrostática no es más que un brazalete que se sujeta en la muñeca, y tiene un cable que se conecta a una toma de tierra de la instalación eléctrica.

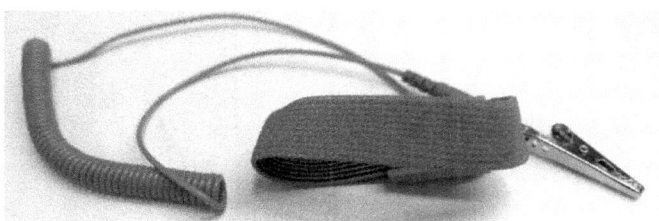

Su misión es igualar la tensión de la piel con la toma de tierra. De este modo, cuando toquemos una parte del circuito, no habrá una diferencia de potencial.

En caso de no usarla, al entrar en contacto con un componente sensible, nuestro cuerpo puede estar a un potencial muy distinto del componente, por lo que podemos provocar una descarga electrostática que dañe al componente o al circuito.

Las fuentes de alimentación industriales suelen ser inmunes a este tipo de problemas, pero en circuitos más sensibles es importante usar esta medida de seguridad.

Manipular una fuente conmutada implica una serie de riesgos que debes conocer y controlar, para evitar accidentes.

Tensión del primario >300Vdc

En una fuente de alimentación conmutada, la tensión en el condensador primario supera los 300Vdc.

La corriente continua tiene algunos riesgos distintos a la corriente alterna. Básicamente, piensa que la corriente continua en este rango de tensión puede electrolizar la sangre, o detener el corazón.

El lado primario de la fuente también se conoce como *caliente* o *hot*, mientras que el secundario se identifica como *frío* o *cold*.

En algunas placas, estas zonas vienen rotuladas con estas denominaciones. El motivo es diferenciar claramente cuál es la zona más peligrosa del circuito, para que tengamos especial cuidado.

Condensadores cargados

Una vez desconectada la fuente, el condensador mantiene su carga durante un tiempo que puede ser bastante largo. Esto quiere decir que si tocas accidentalmente sus contactos, puedes recibir una fuerte descarga.

Es mejor prevenir, así que antes de tocar el circuito, debes descargar el condensador. Yo utilizo una lámpara incandescente de 230V/60W. También puedes usar una resistencia de cerámica del valor adecuado.

Evita puentear los contactos del condensador con elementos metálicos, porque una descarga tan brusca puede dañar el propio condensador. Sobre todo si es un condensador grande, porque se produce un arco (chispazo) que funde los metales en contacto.

El arco, además, supone un riesgo para la vista. En el caso de condensadores que almacenan una gran carga, mirar directamente a un arco puede producir daños permanentes en el ojo. Además, el arco proyecta partículas de metal fundido, que pueden provocar quemaduras o quedarse incrustadas en los ojos.

Ten especial cuidado cuando conectes y desconectes la fuente varias veces mientras la reparas, porque debes descargar el condensador cada vez, y es fácil saltarte este paso en un descuido.

Separación de masas

La masa del primario no es la misma que la del secundario. En las fuentes conmutadas, se conoce a la masa del primario como *masa caliente* o *hot ground*, y a la del secundario como *masa fría* o *cold ground*.

La masa del primario suele estar directamente conectada al terminal de toma de tierra, o desacoplada mediante un condensador de seguridad de clase Y. Por eso a veces se usan los términos *tierra caliente* y *tierra fría*, aunque esta última denominación no sería correcta si la masa no está conectada a la toma de tierra.

Al aislar la fuente en dos partes, evitamos riesgos para las personas y para los equipos conectados. Sin embargo, es fácil equivocarnos al conectar los equipos de medida, uniendo las masas.

Para identificar la masa caliente, podemos fijarnos en el condensador de filtro primario (el de mayor tamaño). El lado negativo, marcado con una franja blanca o un signo -, está conectado a la masa caliente.

Para identificar la masa fría, podemos fijarnos en los terminales negativos de los condensadores del secundario. Las masas fría y caliente están unidas por un condensador de clase Y, que normalmente está montado junto al transformador. En realidad, las masas siguen estando separadas, y el condensador únicamente permite el paso del ruido de alta frecuencia.

Los osciloscopios de sobremesa presentan una característica muy importante: la masa de las sondas está conectada a la toma de tierra.

Por lo tanto, si conectamos la masa de la sonda con la masa de la fuente, estamos uniendo esa masa con la toma de tierra.

Para evitarlo, debes usar *sondas diferenciales*, un *transformador de aislamiento*, o un osciloscopio aislado de la toma de tierra.

En algunas fuentes, las pistas del primario y el secundario están bastante diferenciadas. En algunas ocasiones hay una separación superior, el circuito impreso está cortado, o se ha marcado expresamente una delimitación.

Además de lo comentado anteriormente, es imprescindible que el cuadro eléctrico que protege la línea eléctrica a la que vas a conectar la fuente en pruebas tenga los elementos de protección adecuados, principalmente:

- Interruptor diferencial con una sensibilidad de 30mA
- Toma de tierra de buena calidad
- Interruptor magnetotérmico con baja corriente de disparo, a ser posible 6A

Determinar los síntomas

El primer paso para reparar una fuente conmutada es enumerar los síntomas observados.

Cada avería es distinta, por lo que no seguiremos los mismos procedimientos en cada caso.

Lo que sí debemos hacer siempre es una serie de preguntas y observaciones, que nos ayuden a decidir cómo desarrollamos la intervención.

Lo primero es determinar si la avería permite conectar la fuente a la red, o provoca el disparo de protecciones (interruptores magnetotérmicos y diferenciales).

Esta última opción es bastante improbable, porque casi siempre hay un componente que corta el circuito, como un fusible.

En segundo lugar, es muy útil una inspección visual. Hay que buscar fusibles fundidos, componentes rotos, ennegrecidos, o cualquier pista que nos indique que algo se ha quemado.

Una vez que no hemos encontrado síntomas evidentes que nos den pistas sobre la zona en la que se encuentra el origen del problema, conectamos la fuente y empezamos a medir.

En este paso se trata de buscar hasta dónde llega la corriente.

La idea es ir delimitando el circuito por zonas, descartando las que parecen funcionar bien o adentrándonos en las que sí pueden estar relacionadas con la avería.

Esta forma de actuar nos evitará muchas pérdidas de tiempo, aunque en algún caso las cosas no son lo que parecen, y podemos dar varios rodeos.

Mi experiencia me ha demostrado que lo habitual es que la avería sea originada por cosas simples, así que hay que empezar por lo fácil, y "guardar fuerzas" para cuando encontremos un circuito más complicado.

Si no somos capaces de determinar la sección concreta que debemos investigar, lo mejor es seguir la corriente paso a paso, desde la entrada o desde la salida de la fuente, según la complejidad del circuito o de los medios que tengamos para medir.

Se trata de ver en qué punto la corriente se detiene, y las posibles causas que pueden motivar este hecho.

A partir de ahí, simplemente hay que buscar la forma de confirmar o descartar cada opción.

Vamos a ir conociendo la forma de reparar cada etapa de la fuente.

Una vez que comprendas cada procedimiento, te será mucho más fácil localizar la avería.

Protecciones de entrada

En esta etapa se producen muchos problemas, aunque la mayor parte de las veces se trata de daños desencadenados por otras etapas que han quedado cortocircuitadas temporal o permanentemente.

Vamos a intentar determinar cómo distinguir si ha sido uno de estos componentes los que ha desencadenado la avería, o simplemente ha sufrido daños colaterales.

Cuando el fusible es de vidrio, se aprecia fácilmente si está cortado o no. En caso contrario hay que medirlo con el polímetro. Un fusible en buen estado debe tener continuidad, o si medimos su resistencia, cero ohmios.

La forma en la que se ha fundido también nos puede dar pistas sobre la causa de la avería.

Cuando vemos que el fusible de vidrio está limpio y únicamente tiene el filamento cortado, podemos probar a sustituirlo. Posiblemente la fuente comience a funcionar con normalidad. Si esto ocurre, significa que el fusible se había cortado por una sobreintensidad leve, provocada por una sobrecarga de la salida, o incluso por una sobretensión en la entrada.

Una vez verificada la fuente durante un tiempo prudencial con una carga resistiva, podemos dar la intervención por finalizada.

La mala noticia es que esto no es lo habitual.

Como las fuentes conmutadas suelen tener varias protecciones contra sobreintensidades, éstas no llegan al fusible.

Lo que sí es más normal es encontrar fusibles con el vidrio ennegrecido y con partículas metálicas adheridas en su interior. Esto es debido a una fusión violenta, que ha hecho estallar al filamento.

Este síntoma indica que se ha producido un cortocircuito en uno o varios de los componentes montados aguas abajo.

Cambiar el fusible no solucionará el problema. Primero hay que reparar el cortocircuito.

Fusible tras un cortocircuito

Además, en este caso es muy importante conectar la lámpara en serie con el circuito, porque seguramente tendremos que conectar la fuente a la red antes de estar seguros de que hemos reparado la avería.

Si no lo hemos hecho, seguramente fundamos un fusible nuevo, y probablemente también algún otro componente. Te daré más datos sobre este tema más adelante.

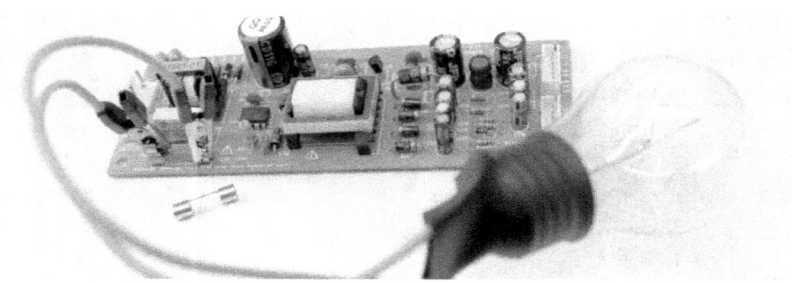

Lámpara conectada en serie aprovechando los terminales del portafusibles

A la hora de sustituir un fusible, debemos buscar otro con las mismas características, medidas, tensión, intensidad, y tiempo de respuesta.

Varistor

Como hemos dicho en el apartado correspondiente, el varistor conduce cuando la tensión supera un límite establecido.

Si la subida de tensión ha durado un solo instante, el varistor puede ser capaz de absorberla sin mayores problemas.

Aun así, el material que lo compone puede ir perdiendo sus propiedades, deteriorándose y reduciendo su vida útil.

Si la tensión ha superado con creces el límite, o ha durado más tiempo, la energía puede ser excesiva, dañando el varistor permanentemente.

Lo normal es que además el varistor provoque un cortocircuito que funda el fusible.

En este caso se pueden dar dos casos:

1. El varistor se destruye y queda cortado. Se vería claramente que el componente está roto y debería sustituirse para reponer la protección. En este caso el circuito podría funcionar solamente con sustituir el fusible

2. El varistor queda comunicado permanentemente. En este caso, al cambiar el fusible, volvería a fundirse, porque el varistor estaría provocando un cortocircuito permanente.

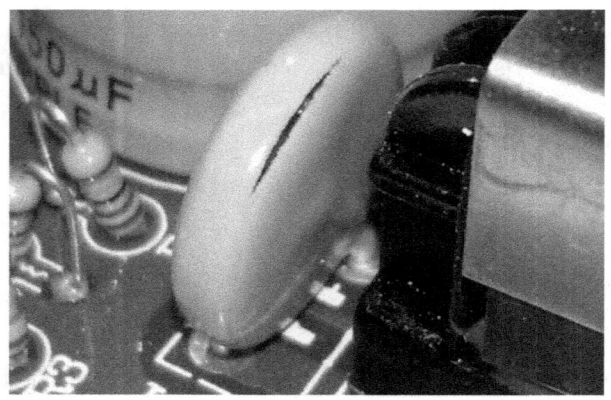

Varistor agrietado tras una sobretensión

Para verificar el estado de un varistor, es suficiente con medir su resistencia. El valor debe ser muy alto, de varios megaohmios en adelante.

Sin embargo, el hecho de que el varistor no esté cruzado no significa que esté en perfecto estado, porque puede tener una degradación. Por eso, en circuitos en los que hay más de un varistor, cuando falla uno es recomendable sustituirlos todos, para prevenir problemas.

Si debemos sustituir el varistor, debemos buscar uno con la misma tensión nominal y del mismo diámetro, que suele ser proporcional a la energía que es capaz de disipar.

NTC

Las NTC fallan poco, y cuando lo hacen suelen estallar. Para ver si funcionan suele ser suficiente con medir la tensión a su entrada y a su salida. Ambas deben medir lo mismo.

NTC de 10 ohmios a 25°C

También podemos medir su resistencia, que debe ser similar a la indicada en su encapsulado. Exactamente, el valor marcado se corresponde a la resistencia cuando su temperatura es de 25°C. Por lo tanto, si estamos en un lugar con esa temperatura aproximada, el valor en ohmios debe ser cercano.

Para sustituir la NTC debemos buscar otra del mismo valor óhmico y del mismo diámetro.

Filtro EMC

Los filtros EMC no suelen ser causa de avería.

Debido a que utilizan componentes pasivos bastante robustos, es raro encontrar alguno de éstos dañados.

La verificación de esta etapa es bastante sencilla.

Si al poner el circuito en tensión no se funde un fusible, ni salta ninguna protección, solo tenemos que medir la tensión a la entrada y a la salida del filtro EMS.

Si hay entrada pero no hay salida, seguramente una de las bobinas esté cortada.

Solo deberemos medir la continuidad de cada bobina y comprobar cuál de ellas no conduce.

Filtro EMC

En el caso de que salte el fusible y otra protección, debemos desconectar la salida del filtro, desoldando algunos componentes para que la corriente no llegue a la siguiente etapa.

Si al aplicar tensión sigue habiendo un cortocircuito, mediremos los condensadores para ver cuál de ellos está cruzado. Puede ocurrir que el cruce esté en las bobinas, si comparten el mismo núcleo, al haberse fundido su barniz aislante.

Si las medidas son confusas, deberemos desoldar los componentes para medirlos individualmente.

Rectificador primario

No importa si el rectificador está formado por varios diodos o por un puente compacto. Las averías son idénticas.

Diodos rectificadores

Hay dos posibles causas de averías provocadas por los diodos:

- Uno o varios *diodos cortados*. No hay tensión a la salida de los diodos. Se puede comprobar fácilmente cada diodo con un multímetro.

- Uno o varios *diodos cruzados*. A la salida de los diodos habrá corriente alterna. Este caso es más raro, y si sucede habrá que sustituir los diodos, y también los componentes que funcionan en corriente continua, como el condensador, el circuito integrado de control, etc.

Para sustituir los diodos rectificadores del primario o un puente rectificador, debemos buscar la misma referencia, o equivalentes, que soporten al menos la misma tensión e intensidad.

Filtro primario

El filtro primario es un condensador electrolítico de grandes dimensiones. Puede ser el componente más grande de las fuentes conmutadas.

Los condensadores electrolíticos contienen un aceite en su interior, y están sellados herméticamente.

Por este motivo se deterioran con el paso del tiempo, sobre todo si están expuestos a altas temperaturas o a condiciones eléctricas desfavorables. Cuando el condensador se degrada va perdiendo capacidad. Esto supone que el rizado aumenta.

Condensador de filtro primario

Normalmente, al diseñar una fuente se prevé que el condensador irá perdiendo capacidad, por lo que se sobredimensiona. Sin embargo, llega un punto en el que el rizado es tan alto que afecta al funcionamiento del circuito, provocando fallos.

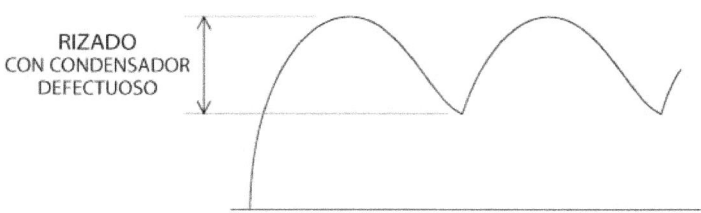

Rizado elevado, debido al desgaste del condensador

Como ya hemos comentado, para medir el estado de un condensador, suele ser suficiente con un capacímetro. Si la capacidad medida es inferior a la marcada, hay que sustituirlo.

También puede ser necesario medir la ESR (resistencia serie equivalente). Si un condensador aparenta tener su capacidad nominal, pero la ESR no es cercana a cero ohmios, se recomienda reemplazarlo.

En los casos en que el condensador está muy deteriorado, suele verse la tapa superior abultada o agrietada. Si es así, no hace falta medir el componente. Debe ser sustituido directamente.

Condensadores hinchados

Con un osciloscopio es fácil diagnosticar el estado del condensador. Como puedes ver en las siguientes imágenes, se aprecia perfectamente el cambio en el rizado.

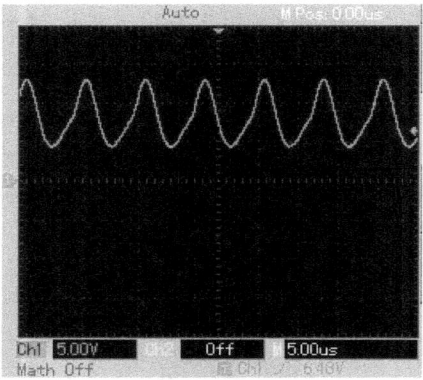

Rizado debido a un condensador averiado

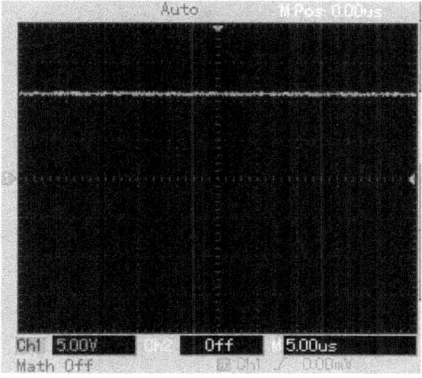

Señal después de cambiar el condensador

A la hora de sustituir un condensador, debes asegurarte de que sus valores son iguales o algo mayores. Las características más importantes son: capacidad, tensión máxima de trabajo, ESR, y temperatura máxima.

Yo nunca compro condensadores de 85°C. No utilices nada por debajo de 105°C para evitar que el circuito falle en poco tiempo.

Corrector del factor de potencia (PFC)

La mayoría de averías en esta sección se limitan a los componentes activos, como el transistor y el circuito integrado. Sin embargo, al dañarse alguno de ellos se puede producir un cruce que deje pasar toda la corriente a componentes sensibles, por lo que es habitual encontrar resistencias y diodos en mal estado.

Sección PFC

Es muy conveniente diagnosticar esta sección utilizando un osciloscopio. Siguiendo las señales no es difícil determinar los componentes dañados.

También resulta imprescindible conseguir el datasheet del circuito integrado, porque cada modelo tiene un funcionamiento distinto. Son muy fáciles de encontrar, desde las web de sus fabricantes, buscando en Google, o en webs como Datasheet Catalog (gratuita y muy rápida de usar).

En el datasheet se describe el funcionamiento del circuito, los valores nominales, incluso es posible encontrar las formas de onda de cada sección. Con esta información es más fácil diagnosticar una avería.

También es cierto que es difícil medir en esta etapa, porque una avería suele provocar un funcionamiento errático de todo el circuito. Al tratarse de una etapa con pocos componentes, te puede ser más fácil medir uno a uno.

Lo más práctico es empezar por el transistor de potencia, que suele ser la víctima habitual. Si está dañado, mide siempre los componentes asociados, porque pueden haber recibido tensión cuando no debían.

Transistor y snubber

El transistor suele ser una de las principales causas de avería. Es habitual que estalle violentamente, se cortocircuite, o simplemente deje de funcionar.

Transistor y red snubber

Ante cualquier síntoma visual, es mejor sustituirlo directamente.

Si tienes un analizador de semiconductores, puedes medirlo directamente. Es probable que debas desoldarlo para evitar falsas medidas.

Si el transistor se cortocircuita, dejará pasar tensión a los componentes conectados directamente, por lo que hay que comprobarlos uno a uno.

Cuando me encuentro un transistor cortocircuitado, suelo cambiar también el controlador, para prevenir averías si ha quedado algo deteriorado. Sobre todo si el componente es económico y fácil de localizar.

Es importante sustituir el transistor por otro idéntico, y en caso de no encontrarlo, buscar un equivalente que cumpla todas las especificaciones.

Controlador

Como he dicho antes, hay muchos modelos distintos de reguladores, cada uno con unas características distintas.

Es importante consultar los datasheet para ver sus particularidades.

En estos mismos datasheet podemos ver cómo funciona cada circuito integrado, la función de cada pin, las tensiones, intensidades y frecuencias de trabajo, algún esquema sencillo, y a veces las formas de onda más importantes.

Controlador de conmutación

Con toda esta información, y entendiendo el comportamiento de la corriente, podemos medir y diagnosticar cualquier avería.

En este caso, como ocurría con el PFC, es interesante poder contar con un osciloscopio para ver las señales, aunque existen trucos para poder realizar la mayor parte de mediciones sin él.

Esta puede ser la sección más compleja de analizar, porque suele tener más componentes, y cualquiera de ellos es susceptible de fallos.

Principalmente, se trata de medir que todas las entradas reciban las tensiones o señales que necesita para funcionar, y que a su vez las salidas entreguen las señales correspondientes.

Para complicarlo un poco más, en muchas ocasiones podemos encontrarnos con que el regulador no está activando una salida porque no se cumple alguna condición, como que esté en función de stand by porque detecte que no hay una carga conectada, o simplemente hay una avería en otra sección, que impide que le llegue retroalimentación.

No es nada recomendable cambiar el controlador por otro componente similar. Incluso la variación en una letra o dígito del marcado puede hacerlo incompatible. Uno de los retos más complejos es encontrar este tipo de componentes cuando ya ha sido descatalogado.

Transformador

Básicamente hay tres tipos de averías en un transformador:

- Un bobinado está cortado: Suele ser el primario, aunque también puede darse el caso en algún secundario. Se puede medir con un polímetro, si la bobina tiene una resistencia infinita, el bobinado está cortado.

- Un bobinado está cruzado totalmente: Si el transformador se recalienta, el barniz aislante que cubre el hilo del bobinado se puede quemar, quedando las espiras en contacto. El efecto es un cortocircuito (resistencia e impedancia de 0Ω).

- Un bobinado tiene un cruce parcial: Si el cruce se ha producido en un solo punto del bobinado, afectando a varias espiras. En este caso, la resistencia y la impedancia (resistencia en corriente alterna) serán menores, sin llegar a 0Ω.

Para medir un transformador de pulsos, debemos desoldarlo de la placa, para evitar falsas medidas debido a los componentes conectados en paralelo.

Transformador de impulsos

Lo ideal es tener un *inductímetro*, para medir la inductancia de cada bobinado.

También se puede medir con el polímetro, que nos dará el valor de la resistencia en corriente continua. Los bobinados suelen tener un valor muy bajo, porque no dejan de ser hilos de cobre. El polímetro únicamente nos sirve para descartar que el bobinado está cortado, y en algunos casos también podemos descartar que haya un cruce total, si la resistencia es mayor de unos pocos ohmios.

Otra opción es usar un medidor de ESR y un polímetro para verificar un bobinado. Primero medimos resistencia en continua con el polímetro, igual que en el paso anterior, y posteriormente medimos la ESR (resistencia serie equivalente). Aunque un medidor ESR está pensado para condensadores, también nos sirve, porque no deja de ser un medidor de la impedancia, o resistencia en corriente alterna. Si el bobinado mide 0Ω en corriente alterna, hay un cortocircuito. La resistencia debe ser notablemente mayor en alterna que en continua.

También se puede medir el transformador en funcionamiento. Simplemente hay que comprobar las tensiones de su entrada y salida.

Dependiendo de los síntomas, resultará más indicada una u otra opción.

Una dificultad añadida es identificar cada terminal y los distintos bobinados. Para que resulte más fácil, hay que seguir las pistas y ver a dónde conducen. Puedes apoyarte en los esquemas de ejemplo del datasheet.

Rectificador secundario

El rectificador secundario se mide exactamente igual que el primario.

Simplemente debemos tener en cuenta que algunos diodos tienen el mismo encapsulado que los transistores. En estos casos es habitual que dos diodos compartan el mismo encapsulado.

Hay que consultar los dataheet para verificar su conexionado, aunque algunos tienen un pequeño esquema marcado, que lo indica.

Rectificadores secundarios, en una fuente de cinco salidas

En caso de sustituir uno de estos diodos, debes tener en cuenta que no son diodos rectificadores comunes, sino de alta velocidad, tipo Schottky. Busca el mismo modelo, y si no lo encuentras, debes asegurarte de que consigues un modelo con la misma tensión (o más), la misma corriente (o más) y el mismo tiempo de respuesta (o menos).

Filtro secundario

En el secundario, el filtrado se puede hacer con condensadores o con bobinas.

Filtros secundarios, que combinan bobinas y condensadores

En el primer caso, se diagnostica y repara exactamente igual que en el primario.

Los condensadores del secundario no tienen mucha carga, por lo que no suele ser necesario descargarlos. Sin embargo, si se trata de una fuente de gran tamaño, es recomendable hacerlo.

En el caso de las bobinas, las averías suelen ser menores, porque son muy robustas.

Normalmente basta con medir continuidad para verificar que no están cortadas.

No es muy frecuente que fallen estos componentes, puesto que reciben señales muy pequeñas.

Para localizar la avería, lo mejor es medir los componentes uno a uno.

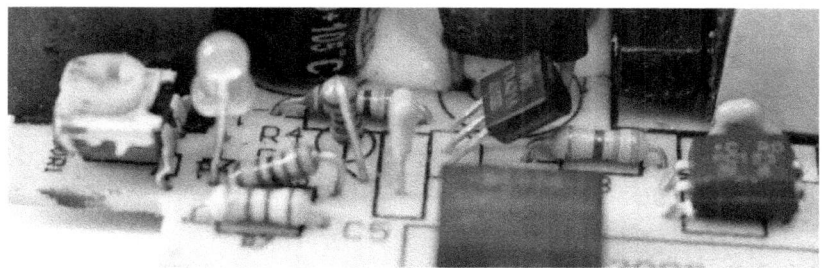

Estabilizador de tensión

Si hay tensión en la salida +, se pueden seguir las señales con un osciloscopio.

Ten mucho cuidado a la hora de medir con el osciloscopio, porque no puedes conectar la masa del primario con la del secundario.

Además, recuerda que los osciloscopios de sobremesa tienen la masa de la sonda unida a la toma de tierra de la red.

TL431

Este componente debe medirse con osciloscopio, porque un polímetro no es capaz de identificar las señales.

Circuito integrado TL431

Se trata de comprobar que entra en conducción cuando el pin de referencia supera los 2,5V.

Optoacoplador

La entrada del optoacoplador se puede medir como un diodo normal, al tratarse de un led.

Optoacoplador

La salida es más compleja, siendo necesario un osciloscopio.

También se puede verificar en un circuito aparte, donde se polarice el led con una resistencia que limite la intensidad, y se use la salida como conmutador para activar un led.

Componentes comunes

Hay componentes que pueden encontrarse en cualquier sección de una fuente, y conviene saber cómo diagnosticarlos, porque suelen ser causa de averías.

Resistencias

Las resistencias pueden encontrarse en cualquier etapa de la fuente, cumpliendo distintas funciones.

Se miden con el polímetro, en la función de medida de resistencias.

Resistencias quemadas

Para medirlas debes tener en cuenta que no debe haber tensión en la placa. Descarga el condensador antes para no quemar el polímetro o sufrir un accidente.

Es normal que una resistencia mida menos de lo que debe, si tiene otros componentes conectados en paralelo. Sin embargo, no debe medir un valor muy superior al nominal.

Para asegurarte de que el valor indicado es el correcto, es mejor desoldar la resistencia.

Puedes sustituir una resistencia por otra con el mismo valor óhmico, y la misma potencia. No importa si la potencia es superior. Otra opción si no tienes la resistencia exacta, es colocar dos resistencias con el doble de valor en paralelo. Por ejemplo, para sustituir una resistencia de 100 ohmios puedes conectar dos de 200 ohmios en paralelo.

Si no circula corriente por el circuito, presta atención a las resistencias shunt, de un valor muy bajo (<1Ω) y a veces con varias conectadas en paralelo.

Condensadores

En las fuentes conmutadas hay varios tipos de condensadores muy diferenciados. Es muy importante que si los sustituyes sean del mismo tipo:

1. Condensador de seguridad tipo X. Se conectan en paralelo a la entrada de la red, y tienen características especiales para evitar incendios en caso de avería. Están marcados como X1 o X2, dependiendo de la tensión de ensayo. Además tienen marcados los símbolos de los estándares que cumplen

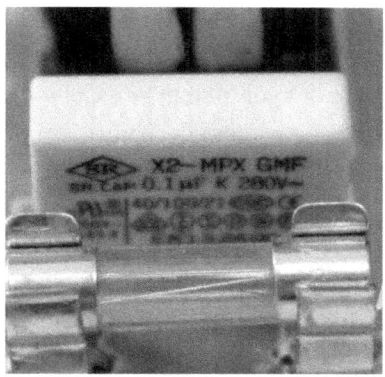

2. Condensador de seguridad tipo X Y. Igual que el anterior, aunque se usa para conectar una fase o masa a tierra. En caso de avería no queda cortocircuitado, sino que solo puede cortarse, evitando que las partes metálicas queden en tensión. Suelen ser de color azul, aunque eso no significa que cualquier condensador azul sea de este tipo. El marcado también es similar al anterior

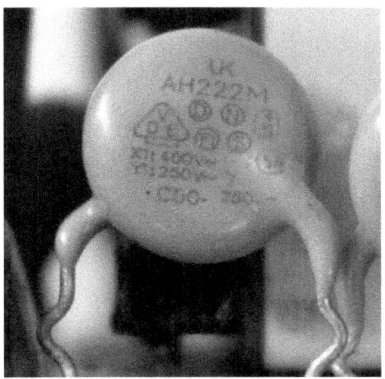

3. **Condensador snubber.** Puede ser un condensador normal, pero hay que prestar atención, porque en muchas fuentes se utiliza uno de mayor tamaño (es el mayor de la siguiente imagen), que tiene características apropiadas para usarse como filtro RC junto al transistor

4. **Condensadores comunes.** Tanto si son de cerámica (forma de disco) o de poliéster (forma de gota), solo hay que tener en cuenta su capacidad y tensión de trabajo

Diodos zener

Los zener son un tipo especial de diodos que polarizados directamente tienen las mismas características que un diodo normal. Sin embargo, al polarizarlos de forma inversa, se vuelven conductores a partir de una tensión concreta.

Se utilizan mucho en las fuentes conmutadas.

Para verificar su funcionamiento, se pueden medir con polímetro para descartar que estén cruzados o cortados, igual que un diodo rectificador.

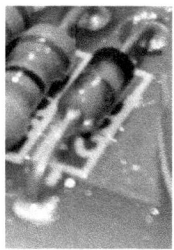

Diodo zener

Para comprobar además que empiezan a conducir a su tensión nominal es necesario equipos de medida especiales, o montar un circuito alimentado por una fuente de mayor tensión y una resistencia en serie que limite la intensidad a unos pocos mA. Una vez polarizado de este modo, se mide la tensión entre sus patas, que debe coincidir con su valor nominal.

Es habitual que los zener no tengan marcada su tensión nominal, por lo que hay que buscar el datasheet a partir del código marcado.

Diodos comunes y especiales

Muchos controladores usan diodos comunes para algunas funciones. Estos pueden ser verificados y sustituidos por otros genéricos.

Sin embargo, podemos encontrar algunos tipos especiales, como los de avalancha.

Se pueden verificar del mismo modo que los comunes y los zener, pero si es necesario sustituirlos, debes buscar la misma referencia.

Lo mejor es que consultes sus datasheet a partir de sus códigos, para saber de qué se trata exactamente.

Comportamientos erráticos

Es posible que la fuente no se encuentre en un estado concreto. No es raro que se conecte y desconecte intermitentemente, o muestre otros síntomas anormales.

Una posible causa estaría en el propio uso de la lámpara en serie. Ésta actúa como limitadora de la intensidad, por lo que el circuito puede quedar limitado, de modo que la carga absorbe demasiada corriente, provocando que el controlador entre en modo de protección.

Para verificar que el problema está en la lámpara, debemos medir la tensión en la salida. Si hay tensión en la salida de forma intermitente, significa que la fuente está trabajando bien hasta que entra en modo de protección. En este caso podemos probarla sin la lámpara, para verificar que está reparada.

Cuando la avería aparece y desaparece sin motivo aparente, hay que descartar fallos en las soldaduras, o en componentes sensibles a los cambios de temperatura.

Fuente basada en el FAN6604

Vamos a ver un esquema real, extraído del datasheet del controlador FAN6604 de Fairchild. Puedes descargarlo completo desde su web.

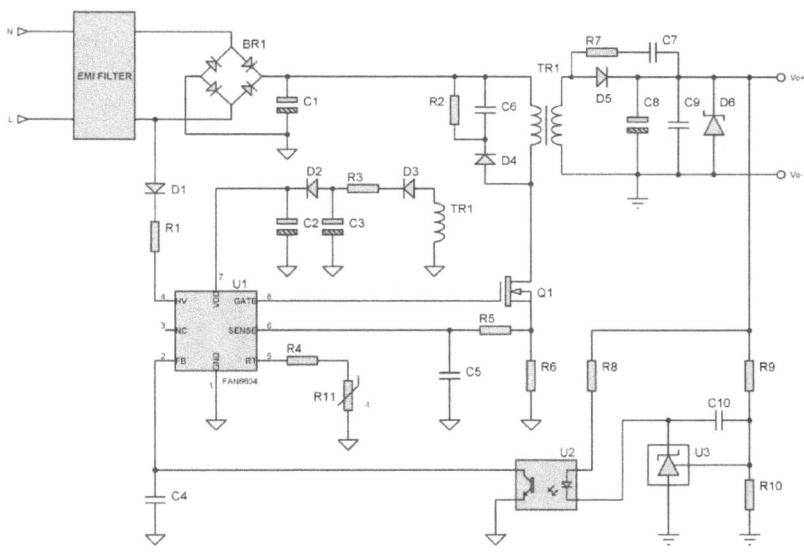

Puedes ver todos los componentes necesarios para fabricar una fuente operativa.

Vamos a describirlo brevemente, para que te hagas una idea clara del funcionamiento. Tampoco profundizaremos demasiado, porque cada circuito es distinto, y no quiero complicarlo demasiado.

Te recomiendo que busques varias fuentes sencillas (cargadores de teléfonos o alimentadores de laptops) y busques los datasheet del controlador. Compara el circuito con el datasheet y aprenderás mucho en muy poco tiempo.

Comenzamos explicando que el filtro EMC (o EMI) se ha encapsulado sin más detalles, porque no es interesante por ahora, y además en la práctica puedes encontrarlos así, separados en un encapsulado independiente del circuito de la fuente.

El puente rectificador convierte la corriente alterna en pulsante de onda completa, y el condensador C1 la filtra para que quede una corriente continua.

Tenemos una corriente continua de algo más de 300V. El polo positivo alimenta uno de los terminales del bobinado primario del transformador.

El transistor Q1 está desconectado, por lo que no circula corriente por el transformador.

La entrada HV del controlador está alimentada a través del diodo D1 y la resistencia R1 que, en conjunto con la circuitería interna del integrado controlador, convierten y reducen la tensión para realizar dos funciones:

- Alimentar el controlador directamente desde la red
- Detectar los cortes de tensión, desconectando la salida instantáneamente cuando la fuente deja de recibir corriente de la red. Esto evita tensiones "raras" a la salida, que puedan afectar al circuito alimentado

La salida GATE entrega la señal PWM que necesita el transistor para conmutar, haciendo circular corriente a través del transformador.

La señal que entrega el controlador al transistor es de 65kHz, y el ancho de pulso determinará la tensión de salida de la fuente.

Con esta corriente el transformador genera un campo magnético intermitente, con lo que los bobinados secundarios generan una tensión.

En este circuito hay dos secundarios aislados entre sí. Por un lado está el bobinado que entrega corriente para la salida de la fuente, y otro que a través de D2, D3, C2, C3, y R3 alimenta al controlador.

El filtro snubber, que absorbe los picos generados por la conmutación del transistor, está formado por los componentes R2, C6 y D4.

La entrada SENSE del controlador mide la corriente consumida por la fuente, de forma indirecta. La resistencia shunt R6 tiene un valor óhmico muy bajo, menor de 1 ohmio, para que la caída de tensión sea mínima y no limite la potencia de la fuente. Además suele ser de mayor potencia nominal, porque debe soportar el paso de toda la corriente del bobinado primario. La tensión en la resistencia R6 es proporcional a la corriente (según la ley de Ohm), y el controlador la mide a través de la resistencia R5, que limita la corriente para no dañar la entrada SENSE. C5 filtra el ruido de alta frecuencia para que no falsee la medida. La medida de intensidad ayuda a regular la señal PWM que entrega el controlador al transistor.

El conjunto R4 y R11 (NTC) mide la temperatura, para desconectar el circuito en caso de un aumento peligroso de la temperatura.

El diodo D5 rectifica la tensión del transformador. R7 y C7 limpian los picos generados por el diodo. C8 filtra la corriente pulsante, quedando una continua limpia. C9 elimina las corrientes parásitas de alta frecuencia, y D6 absorbe cualquier pico de tensión que supere su valor nominal.

U3, como hemos visto en el capítulo correspondiente, entra en conducción cuando la tensión de salida de la fuente supera un valor determinado por las resistencias R9 y R10. Esto provoca que el optoacoplador U2 conecte la entrada FB del controlador a masa.

El regulador varía la señal en GATE dependiendo de varios factores, como la tensión de salida medida por la entrada FB, la corriente total monitorizada por SENSE, la tensión de la red supervisada por HV, y otros factores internos, como la temperatura medida en RT y otras funciones propias de este regulador.

Fíjate en que las masas fría y caliente tienen símbolos distintos, para indicar que son independientes.

El FAN6604 tiene un *green mode* que reduce su frecuencia de conmutación a 22kHz, con lo que el consumo de la fuente es mínimo.

Si el circuito anterior te ha parecido complejo, vamos a ver uno mucho más sencillo.

Este esquema está extraído del datasheet de Fairchild, que puedes descargar de su web.

Se trata de un adaptador de poca potencia, por ejemplo un cargador para teléfono.

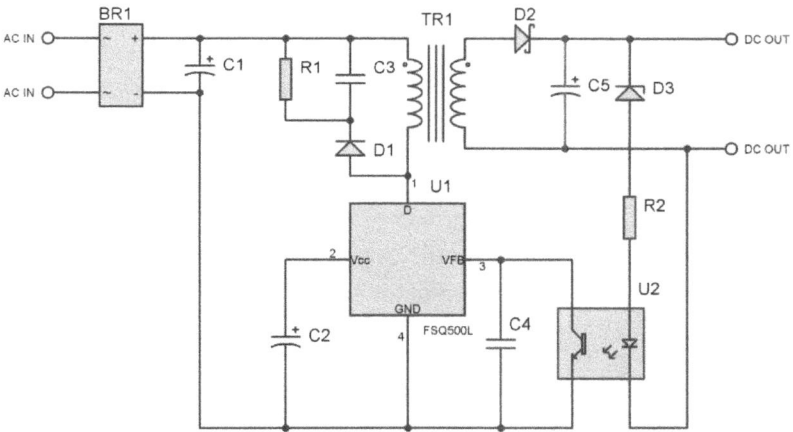

Como puedes ver, es mucho más compacto. Hay dos motivos para esto:

- El transistor está incluido en el propio controlador
- No necesita circuito de alimentación. Utiliza la tensión del propio circuito (~300Vdc). Un condensador es el único elemento externo para esta función.

Es muy fácil deducir la función de cada componente.

El puente rectificador BR1 convierte la corriente alterna de la red en corriente pulsante.

El condensador C1 filtra la corriente pulsante para obtener una corriente continua.

El circuito integrado FSQ500L es el corazón del circuito. Por el pin 1 (Drain) se conecta al bobinado primario del transformador. El pin 4 se conecta a masa.

Internamente, el integrado tiene componentes que limitan la tensión al valor necesario para su funcionamiento. Únicamente requiere un condensador externo que se conecta al pin 2 (Vcc).

La entrada Vfb (pin 4) recibe la señal del optoacoplador. C4 es un filtro para eliminar las altas frecuencias.

R1, C3 y D1 forman la red snubber.

D2 es un rectificador Schottky, que junto a C5 convierten la corriente entregada por el bobinado secundario de TR1 en corriente continua.

D3 y R2 activan el led de U2 cuando la tensión de salida de la fuente supera su valor nominal.

Si te fijas, no hay ningún símbolo de toma de tierra o masa. El motivo es que este tipo de circuitos se utiliza en dispositivos de doble aislamiento, que no necesitan conexión de tierra.

Tampoco hay filtro EMC a la entrada. Aunque no es la solución ideal, al tratarse de un circuito por el que circula muy poca corriente, el ruido generado es mínimo.

El diagnóstico en este circuito es muy sencillo.

Para empezar, hay que medir que a la salida de BR1 haya una tensión continua de unos 300V.

En U1, D debe estar oscilando a 130kHz. En caso contrario, hay dos opciones:

- Si en D hay tensión positiva de ~300V, el integrado no está oscilando.
- Si en D hay 0V, el intregrado está cruzado, y hay que sustituirlo. En este caso, lo normal es que salte alguna protección, bien en el propio circuito (fusible) o en la red eléctrica (interruptores magnetotérmicos).

Hay dos razones para que el integrado no oscile. Puede estar averiado, o haber entrado en un modo de protección.

A veces resulta difícil saber si está protegido, porque hay varios factores que pueden activar una protección: sobrecarga, sobretensión, caída de tensión, etc.

Como la tensión del primario ya la hemos medido, descartamos las opciones correspondientes.

Podemos medir en el terminal Vcc, que según el datasheet debe rondar los 6,5V. Si no hay tensión, el integrado está averiado.

Si hay una carga conectada, debemos separarla, para descartar sobrecargas o averías en el equipo alimentado.

Después hay que medir la sección del secundario. Al haber pocos elementos, podemos medirlos todos.

Si todo es correcto, medimos la entrada Vfb del integrdo

Según el datashest, si la tensión supera 4,5V se activa la protección por sobrecarga y se desconecta la fuente.

Esta tensión debe ser medida con un osciloscopio, porque al desconectarse la fuente la tensión cae, por lo que no se mantendrá por encima de 4,5V.

En este tipo de circuitos con tan pocos componentes, que además son muy económicos, podría ser más rápido y rentable medir los componentes pasivos (resistencias, condensadores y diodos) y cambiar directamente los activos (regulador y optoacoplador) si no tenemos el equipamiento necesario para diagnosticarlo.

De todos modos, es interesante practicar y conocer a fondo los circuitos sencillos, porque nos ayuda a visualizar mejor el funcionamiento de los equipos más sofisticados.

Vamos a ver un circuito muy sencillo, que nos servirá para poner en práctica los conocimientos del libro, porque usaremos una fuente de alimentación comercial, y así podremos ver cómo medir las tensiones y señales.

Estudio teórico

Primero veremos la parte teórica, con los datos extraídos del datasheet del fabricante Power Integrations.

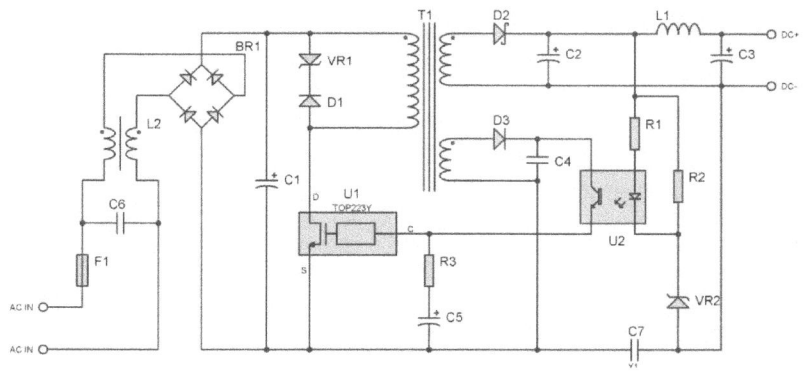

Lo que más llama la atención es que el controlador solo tiene tres terminales.

Por otra parte, se aprecia que se utiliza un bobinado del transformador para alimentar al optoacoplador. De este modo, al aplicar señal a su entrada, el fototransistor entrega una tensión positiva al terminal C del controlador.

Repasamos todos los componentes brevemente.

F1 es el fusible de protección, C6 y L2 actúan como filtro EMC, BR1 rectifica la corriente alterna y C1 la estabiliza.

VR1 y D1 actúan como red snubber.

El controlador puede ser cualquier componente de la gama TOP221-227, pero en este caso práctico diremos que es el TOP223Y, que es el que monta la fuente real.

D2 rectifica la salida del transformador, mientras que C2, L1 y C3 configuran un filtro en configuración π, por la forma en que se montan los componentes.

Con R1, R2 y VR2 se polariza el led del optoacoplador U2, que conduce la corriente continua generada por D3 y C4, conduciéndola al terminal C del controlador.

R3 y C5 son los únicos componentes externos que necesita el controlador para funcionar.

Estudio práctico

Pasamos a la práctica viendo la fuente de alimentación real. Se trata del modelo PD-2505 de Mean Well.

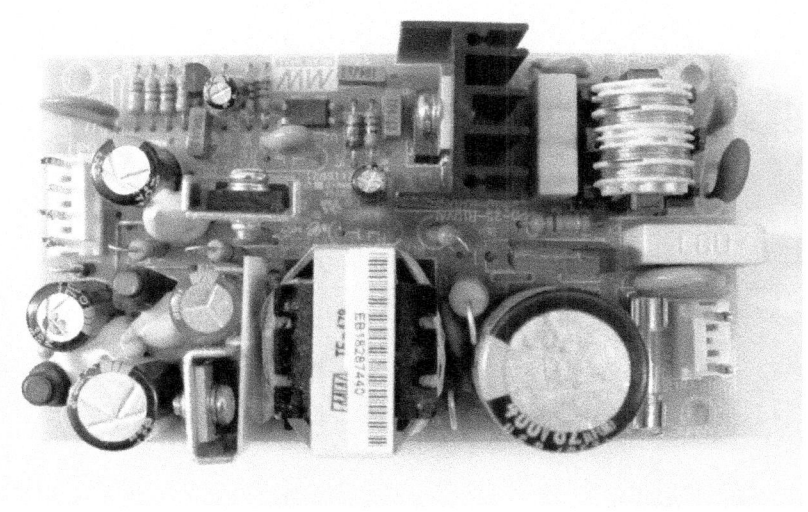

Vista de la fuente Mean Well PD-2505

Sus características son:

> Entrada: 100-240VAC 0.65A 50/60Hz
> Salida 1: +5VDC 2.5A
> Salida 2: -5VDC 2.5A
> Potencia total: 25W

La fuente tiene algunos componentes adicionales respecto al esquema extraído del datasheet. Se trata de elementos que mejoran la protección, el filtro EMC, la red snubber, la estabilización de tensión, además de los componentes de la salida negativa.

Observa el controlador TOP223Y, con solo tres terminales, y un disipador de aluminio para evitar que alcance temperaturas peligrosas.

Controlador TOP223YN

Podemos consultar el datasheet para identificar los terminales, o seguir las pistas y compararlas con el esquema. Por ejemplo, el terminal que está conectado directamente al transformador es D, el que se comunica con el lado negativo del condensador primario es S, y C es el que está unido al optoacoplador.

Si medimos con el osciloscopio, hay varios puntos que nos indican que todo está funcionando bien.

Veamos algunos ejemplos.

Para empezar, conectamos alguna carga, para evitar que el equipo se proteja y no nos deje medir.

Cada vez que manipulo la fuente la desconecto de la red. Si además voy a tocar alguna parte del lado primario (hot) descargo el condensador.

Ventilador conectado como carga a la salida positiva

En este caso he utilizado un ventilador de 5V y 0.32A, aunque también se puede conectar una lámpara incandescente. Se puede usar una resistencia, pero yo prefiero conectar cargas que actúen de algún modo, para que nos sirvan como indicador de que hay corriente de salida.

Para empezar, comprobamos que hay corriente continua en el primario.

Lo primero que hay que hacer es localizar dónde vamos a conectar las puntas de prueba.

Tras comprobar que el disipador de aluminio está conectado a la masa caliente, coloco la pinza de la sonda en el tornillo.

La punta de la sonda la coloco en el terminal + del puente rectificador.

143

Otro punto donde medir fácilmente sería en los terminales del condensador primario, más accesible si usamos las puntas de prueba del polímetro.

De nuevo te recuerdo que tengas cuidado con no tocar el circuito accidentalmente, que las puntas de prueba tengan un buen aislamiento y no toquen nada que no deban, porque podrías provocar un cortocircuito.

Hay que tener cuidado si hay una bobina en serie entre el puente rectificador y el condensador, porque ésta actúa como separador, y en un lado tendremos corriente pulsante y en el otro corriente continua.

Sonda de osciloscopio conectada a la salida del puente rectificador

La señal mostrada en el osciloscopio es la siguiente:

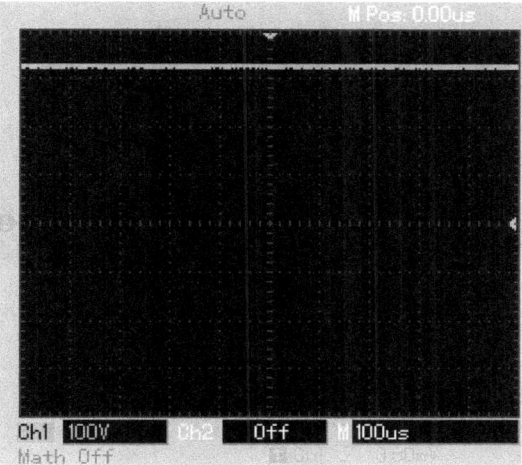

Señal a la salida del puente rectificador

La medida exacta es de 325VDC, y en la imagen se distingue algo de ruido, que no llega a ser un rizado evidente.

Si realizásemos la medida con un polímetro, mediríamos 325V en la posición de tensión continua.

El segundo punto que vamos a medir es la salida del controlador, es decir el terminal D, respecto a la masa caliente.

Sonda conectada a la salida D del controlador

Conecto la pinza al tornillo, y la punta de la sonda al terminal D.

La forma de onda es la siguiente:

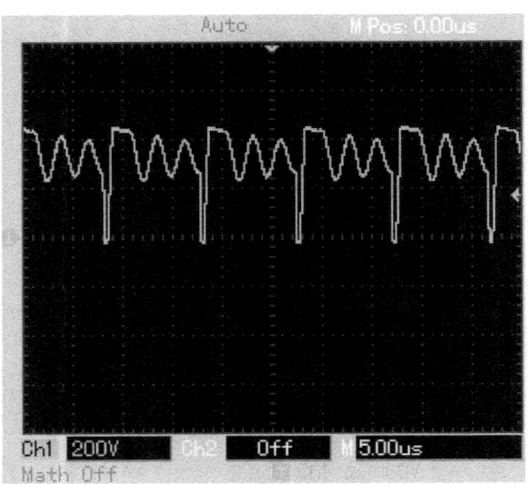

Forma de onda de la tensión en la salida D

La tensión de pico es de 430V, y la frecuencia es de 103kHz, que está dentro de los márgenes indicados en el datasheet (90-110kHz).

Esta corriente no se puede medir bien con un polímetro, pero si no tienes osciloscopio puedes usar la lámpara de neón.

En este caso, he conectado una punta en el terminal D, y la otra en el terminal – del puente rectificador.

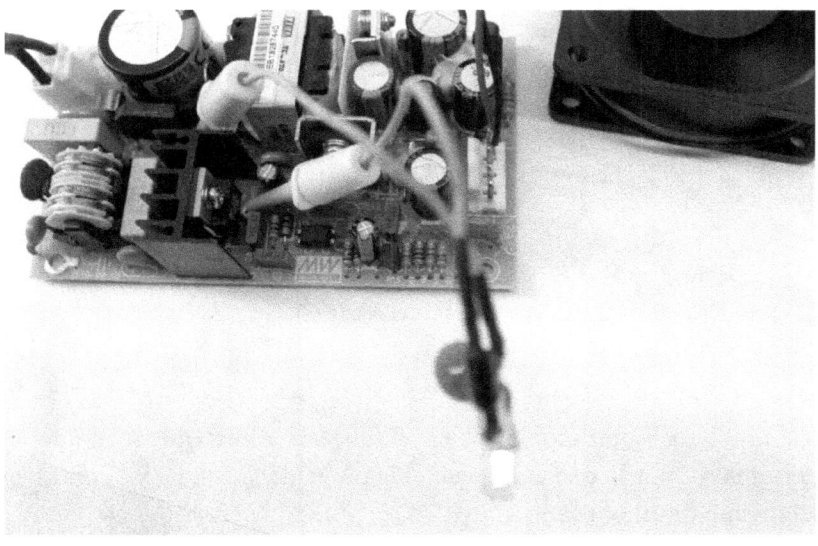

Verificación de oscilación mediante lámpara de neón

El neón se ilumina, lo que indica que el controlador está oscilando.

El tercer punto interesante es el terminal C del controlador, que cumple varias funciones. Por un lado recibe la tensión de retroalimentación del optoacoplador, y también tiene el condensador de alimentación del propio circuito integrado.

Colocación de la sonda para medida de la salida del optoacoplador

El pin 3 del optoacoplador es el que va directamente unido al terminal C, por lo que coloco en él la punta de la sonda, y la pinza en el mismo tornillo de antes.

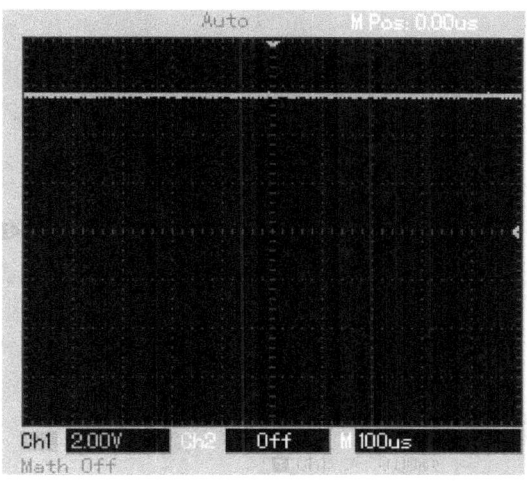

Forma de onda de la señal de salida del optoacoplador

En este caso la tensión medida no nos da demasiada información, porque el condensador C5 conectado en paralelo absorbe los picos de señal, quedando una forma de onda plana que se corresponde con una corriente continua de unos 5,6V.

Vamos a ver ahora las medidas más importantes en el secundario. Debemos medir respecto a la masa fría, por lo que conecto la pinza al terminal COM de la salida.

Voy a medir la salida del diodo Schottky del secundario positivo, y a compararla con la salida de la fuente. En este caso, como hay una bobina en serie, la salida del diodo debe tener un rizado, que en la salida positiva de la fuente debe haberse eliminado.

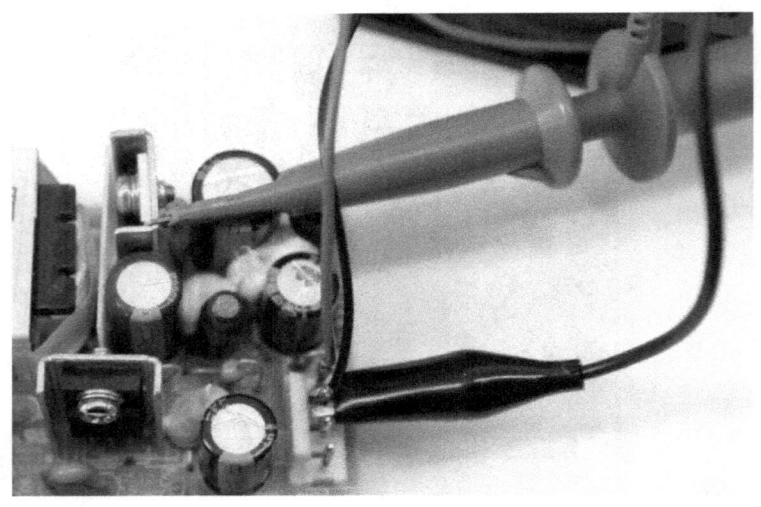

Conexión de la sonda para medir la salida del diodo Schottky

Si no hubiese bobina, la salida de la fuente estaría directamente conectada a la salida del diodo, por lo que la medida sería idéntica.

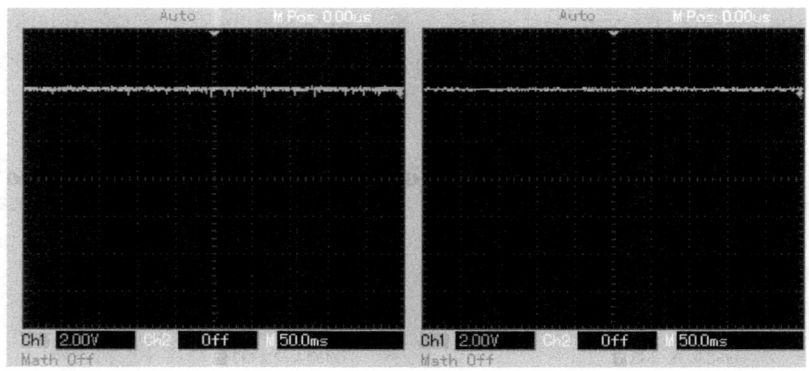

Medida a la salida del diodo y a la salida de la fuente

Prácticamente no se nota diferencia entre las dos señales, aunque se distingue que la corriente está más limpia a la salida de la fuente.

Ahora mido los dos terminales de entrada del optoacoplador, que se corresponden con el ánodo y el cátodo del led.

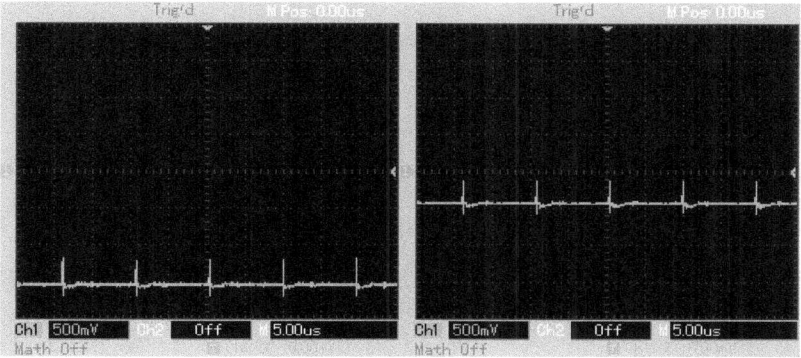

Medida en los terminales de entrada del optoacoplador

Se aprecian los picos de cuando el diodo zener entra en conducción, y hay una diferencia de tensión de alrededor de un voltio entre las dos señales. Esto es debido a la caída de tensión del led.

Si el led estuviese cortado, la tensión sería igual a la de salida de la fuente, es decir 5V.

Espero que con estos ejemplos reales te hagas una idea de cómo medir las fuentes.

Vuelvo a recomendarte que te apoyes en los datasheet, porque en muchas ocasiones los equipos reales son muy similares a los ejemplos del fabricante, como ya hemos visto.

Hay otras muchas medidas que puedes necesitar para diagnosticar una fuente, pero conociendo estas te puedes hacer una idea que te ayude, y que siempre puedes complementar con la información de los datasheet.

Ya hemos llegado al final del libro. Espero que te haya parecido corto.

Podría haberte contado algunas cosas más, pero prefiero que empieces a practicar tú mismo, porque aprenderás más rápido.

Quizás hayas echado de menos tablas de averías comunes, diagramas de flujo, y otros sistemas típicos de libros de reparación.

Hay un buen motivo por el que no me gusta utilizarlos, y la experiencia me lo ha demostrado.

Cuando te dan un procedimiento detallado, es muy fácil seguirlo mecánicamente.

El problema es que cada circuito es único, y hay muchas averías distintas, por lo que es mejor conocer el funcionamiento de cada parte para decidir cómo actuar.

Lo que en principio te da seguridad, también te limita, porque no sientes la necesidad de explorar y razonar.

Cuando hayas reparado algunas fuentes conmutadas, irás viendo que no es tan difícil.

Tampoco te hundas si no eres capaz de resolverlo.

A mí también me ocurre alguna vez. No somos superhéroes.

Se trata de solucionar cada vez más problemas, y de ir evolucionando como técnico.

Hay un dicho que reza "los experimentos, con gaseosa". Por eso te recomiendo (creo que ya lo he hecho varias veces a lo largo del libro) que busques equipos de desguace. Los electrodomésticos están bien. Un receptor TDT, un DVD, televisor, cargador de teléfono, etc.

Dedícale tiempo. No esperes resolver una avería en una hora al principio.

Investiga. No des a un circuito por muerto hasta haber agotado todas las ideas que se te ocurran.

Se aprende más con un circuito que te ocupa durante una semana que en varios meses de estudio en la escuela.

No pienses que estás perdiendo el tiempo. Es una gran inversión.

Llega un momento en el que los conocimientos se enlazan, y todo cobra sentido.

Pasas de fracasar en la mayoría de las averías, a resolverlas sin mayor complicación.

Al final serás capaz de reparar una fuente en pocos minutos.

Lo más importante es que el valor de este libro no está en lo que has aprendido, sino en cómo lo aplicas.

Si a partir de ahora eres capaz de reparar más y mejor, mi trabajo habrá valido la pena.

Si te ha gustado este libro, puedes enviarme tu comentario a

info@fidestec.com

Me gustaría que me dijeras:

¿Qué problema querías resolver al adquirir el libro?

¿Ha cumplido tus expectativas?

¿Crees que ahora estás más capacitado para trabajar con fuentes de alimentación conmutadas?

¿Sobre qué otro tema te gustaría formarte?

Además, puedes aportar tu sugerencia o crítica. Me ayudarás mucho a mejorar.

Si aún no lo conoces, visita el blog, donde encontrarás información y recursos para mejorar como técnico, además de otros libros complementarios y contenido útil.

http://fidestec.com

fidestec.com